流域生态文明建设的理论基础与实施方案研究

——洱海流域的实践创新

杨 振 著

科 学 出 版 社

北 京

内 容 简 介

生态文明是人类文明发展到一定阶段的产物，体现了人类文明发展理念的重大进步。本书以云南省洱海流域为例，从全球、全国、云南省及大理白族自治州视野出发，从影响流域生态文明建设的核心要素着手，对古今中外生态文明相关的理论、思想进行梳理，对国内外生态文明建设相关思路、做法进行归纳。同时，根据国家生态文明建设框架开展流域主体功能区划，提出分区建设方向和重点；从绿色、低碳、循环等角度制订资源节约与环境建设方案；从行政制度、市场制度、法律制度、公众参与等角度制订生态文明制度建设方案；从传承、传播、产业化等角度制订生态文化建设方案；从组织领导、责任分工、氛围构建、资金筹措等方面制订生态文明建设保障方案。本书试图从优化人地关系、人水关系的视角，为湖泊流域生态文明建设的理论创新与方案实施提供科学参考。

本书可供地理、生态、环境等领域的教师、研究生，以及生态环境相关职能部门工作人员阅读参考。

图书在版编目（CIP）数据

流域生态文明建设的理论基础与实施方案研究：洱海流域的实践创新/杨振著.—北京:科学出版社，2020.5
 ISBN 978-7-03-065067-2

Ⅰ.① 流⋯　 Ⅱ.① 杨⋯　 Ⅲ. ① 洱海‒流域‒生态环境建设‒研究
Ⅳ. ① X321.274

中国版本图书馆 CIP 数据核字（2020）第 078113 号

责任编辑：刘　畅 / 责任校对：高　嵘
责任印制：彭　超 / 封面设计：苏　波

科 学 出 版 社 出版
北京东黄城根北街 16 号
邮政编码：100717
http://www.sciencep.com

北京虎彩文化传播有限公司印刷
科学出版社发行　各地新华书店经销
*
开本：B5（720×1000）
2020 年 5 月第 一 版　　印张：13 3/4
2020 年 5 月第一次印刷　　字数：245 000
定价：98.00 元
（如有印装质量问题，我社负责调换）

前　言

　　生态文明是人类文明发展到一定阶段的产物，是反映人与自然和谐相处的新型文明形态，体现了人类文明发展理念的重大进步。建设生态文明，不是要放弃工业文明，回到原始的生产、生活状态，而是要以资源环境承载能力为基础，以自然规律为准则，以可持续发展、人与自然和谐为目标，建设生产发展、生活富裕、生态良好的文明社会。

　　当前，我国社会经济正处于增长速度换挡期、结构调整阵痛期叠合阶段，党和政府十分重视自然生态与社会经济和谐发展问题。党的十七大报告明确提出"建设生态文明，基本形成节约能源资源和保护生态环境的产业结构、增长方式、消费模式"，并将到2020年成为生态环境良好的国家作为全面建设小康社会的要求之一。党的十八大则把生态文明建设纳入中国特色社会主义事业"五位一体"总体布局，首次把"美丽中国"作为生态文明建设的宏伟目标。同时将"中国共产党领导人民建设社会主义生态文明"写入党章，作为行动纲领。党的十九大报告指出"建设生态文明是中华民族永续发展的千年大计"，提出要牢固树立"社会主义生态文明观"。

　　湖泊水体是人类生态产品和服务的主要供给者之一，也是受经济社会活动影响较大的自然生态系统。目前我国很多湖泊正处于由中营养向富营养转变的关键时期，这类湖泊虽然遭受了污染，但自身的生态功能尚未完全破坏，仍具有生态系统自我恢复潜力，仅需较少的投入即能取得明显的治理效果。洱海是一个典型的高原城郊湖泊，被称为大理人民的"母亲湖"。当前洱海的水质总体较好，但呈下降趋势，水质状况正由Ⅱ类向Ⅲ类转变、营养状态由中营养向富营养转变。虽然多年来国家、云南省和大理白族自治州围绕洱海水污染控制与治理已完成大量研究项目和示范工程，但尚未从根本上解决问题，规模不等的水华事件时有发生，迫切需要从生态文明建设的高度对流域国土空间开发、资源节约利用、生态环境保护、体制机制创新、生态文化繁荣等方面进行科学设计，以推动洱海绿色流域建设目标的实现。

　　本书内容分上篇、下篇两个部分，上篇为洱海流域生态文明建设理论基础，下篇为洱海流域生态文明建设实施方案。本书出版得到华中师范大学中央高校基本科研业务费项目（编号：CCNU19A06051、CCNU19TD001）资助，参与本书编写的人员主要有郭红娇、江琪、王晓霞等，在此一并致谢。

由于作者时间有限，书中难免存在疏漏之处，敬请读者批评指正！

作者

2019 年 10 月

目 录

上篇 洱海流域生态文明建设理论基础

第1章　生态文明基本含义、思想渊源与理论基础

1.1　基本含义

近三百多年的工业文明以人类征服自然为主要特征，在创造巨大物质财富的同时也引致一系列全球性生态危机，迫切需要开创一个新的文明形态来延续人类的生存，即生态文明（余谋昌，2010）。就我国而言，在经历了数千年的农业文明及中华人民共和国成立以来的工业文明之后，目前已成为世界第二大经济体和最具活力的经济体之一，同时也正面临资源约束趋紧、环境污染严重、生态系统退化等严峻形势，亟须树立尊重自然、顺应自然、保护自然的生态文明理念，把生态文明建设放在突出地位，以实现中华民族的永续发展。

1.1.1　生态文明基本内涵

"生态"一词源于古希腊，原意指住所、栖息地或者人居环境，现指生物在一定自然环境下生存和发展的状态，也指生物的生理特性和生活习性。后来该词被拓展定义为健康的、美好的、和谐的事物。"文明"是人类所创造的财富的总和（尤指精神财富），是人类在认识世界和改造世界的过程中逐步形成的思想观念，以及不断进化的人类本性的具体体现，涵盖了人与人、人与社会、人与自然之间的关系，也是人类社会进步的象征。将"生态"与"文明"结合起来而形成的生态文明概念，内涵十分丰富（黄承梁，2018），主要包括三个方面。

第一，生态文明是人类与自然和谐相处的文明，倡导尊重自然、顺应自然、保护自然，体现人与自然的和谐关系。

第二，生态文明是现代人类文明的重要组成部分，与其他文明形态相辅相成，是物质文明、政治文明、精神文明、社会文明的基础和前提。

第三，生态文明是人类文明发展的重要成果和必然趋势，当前资源约束趋紧、环境污染严重、生态系统退化，要求把生态文明理念贯穿于经济社会发展的各个领域和全过程。

因此，生态文明是人类文明的一种形态，是人类经历了原始文明、农业文明、工业文明之后，对传统文明形态特别是工业文明进行深刻反思的成果，是人类遵循人、自然、社会和谐发展这一客观规律而取得的物质与精神成果的总和，是人类文明形态和文明发展理念、道路和模式的重大进步（何爱国，2012）。人类文明形态的四种演进轨迹，见图1-1。

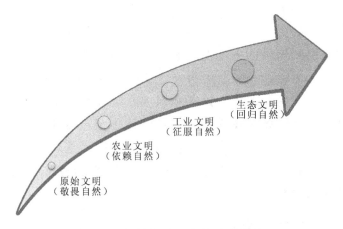

图 1-1　人类文明形态的演进轨迹

1.1.2　生态文明建设推进

2007 年，党的十七大把建设生态文明列为全面建设小康社会目标之一，作为一项战略任务确定下来；2009 年，党的十七届四中全会把生态文明建设提升到与经济建设、政治建设、文化建设、社会建设并列的战略高度，成为中国特色社会主义事业总体布局的有机组成部分；2010 年，党的十七届五中全会提出要把"绿色发展，建设资源节约型、环境友好型社会""提高生态文明水平"作为"十二五"时期的重要战略任务；2012 年，党的十八大报告以"大力推进生态文明建设"为题，独立成篇系统论述生态文明建设，认为建设生态文明是关系人民福祉、关乎民族未来的长远大计，明确指出"建设生态文明，实质上就是要建设以资源环境承载力为基础、以自然规律为准则、以可持续发展为目标的资源节约型、环境友好型社会"。

党的十八大把生态文明建设纳入中国特色社会主义建设"五位一体"总体布局（图 1-2），首次把"美丽中国"作为生态文明建设的宏伟目标，并将"中国共产党领导人民建设社会主义生态文明"写入党章，作为行动纲领。党的十八届三中全会提出加快建立系统完整的生态文明制度体系；党的十八届四中全会要求用严格的法律制度保护生态环境；党的十八届五中全会提出"五大发展理念"，将绿色发展作为

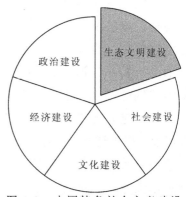

图 1-2　中国特色社会主义建设"五位一体"总体布局

"十三五"乃至更长时期经济社会发展的一个重要理念。十九大报告明确指出"建设生态文明是中华民族永续发展的千年大计"，提出将"美丽"纳入国家现代化目标之中，将提供更多"优质生态产品"纳入民生范畴，首次提出"社会主义生态文明观"。

党的十八大以来，一系列法律、法规、政策、措施陆续发布实施，为绿色发展"保驾护航"。特别是，2015 年 5 月中共中央、国务院发布《关于加快推进生态文明建设的意见》，首次提出"绿色化"概念，并将其与新型工业化、城镇化、信息化、农业现代化并列，赋予了生态文明建设新的内涵，明确了建设美丽中国的实践路径。同年 9 月，中共中央、国务院印发《生态文明体制改革总体方案》，明确提出到 2020 年将构建起由自然资源资产产权制度等 8 项制度构成的生态文明制度体系。2016 年，中央全面深化改革领导小组审议通过生态文明建设的相关文件已超过 20 件，源头严防、过程严管、后果严惩的生态文明制度体系逐渐完善。当前，国家和党已经对生态文明建设作出顶层设计和全面部署，超越和扬弃旧的发展方式和发展模式，生态文明、绿色发展日益成为人们的共识，引领社会各界形成新的发展观、政绩观和新的生产、生活方式（王清军，2019）。

1.1.3　流域生态文明与水生态文明

流域是以水为纽带，由水、土地、生物等自然要素与社会、经济等人文要素组成的复合生态系统，不仅是实现国民经济和区域经济可持续发展的空间载体，也是生态系统进行物质和能量循环、维持生态系统平衡的基本单元（杨振 等，2015）。健康的流域水生态系统是保障流域经济社会可持续发展的基础，因此，流域生态文明建设与其他类型区域的生态文明建设具有一定差异性。目前仅有少数研究立足于流域层面探讨过生态文明建设问题，提出通过"污染源系统控制—清水产流机制修复—水体生境修复—流域系统管理与生态文明建设"的思路开展流域治理工作。因此，亟须进一步加强流域层面上生态文明建设的理论和方法探索，把流域内包括环境、资源、社会、经济在内的诸要素看成一个整体来研究，为解决流域水生态健康问题、推动流域人与自然和谐发展提供新的思路。

水生态文明是指人类遵循人水和谐理念，以实现水资源可持续利用，支撑经济社会和谐发展，保障生态系统良性循环为主体的人水和谐文化伦理形态，是生态文明的重要部分和基础内容（郑晓云，2019）。其内涵包括：①水生态文明倡导人与自然和谐相处，水生态文明的核心是"和谐"；②水资源节约是水生态文明建设的重中之重；③水生态保护是水生态文明建设的关键所在；④水生态文明建设与经济建设、社会发展一起，是实现可持续发展的重要保障。据此，水利部明确了水生态文明建设主要包括八个方面的工作内容：一是落实最严格水资源管理制度；二是优化水资源配置；三是强化节约用水管理；四是严格水资源保护；五是推进水生态系统保护与修复；六是加强水利建设中的生态保护；七是提高保障和支撑能力；八是广泛开展宣传教育。

1.2　思　想　渊　源

1.2.1　中国生态伦理思想

在中国传统文化中，人与自然环境的关系被普遍认为是"天人关系"，以儒、道、佛三家为代表的哲学流派对此有极为精辟的论述（陈炎 等，2012），为洱海流域推进实施生态文明建设提供了宝贵的思想基础。

1. 儒家思想

儒家是中国传统文化的主流，认为人是自然界的一部分，人与自然万物同类，因此人对自然应采取顺从、友善的态度，以求与自然和谐共处为最终目标。在儒家思想中，人与自然的关系首先被描述为"天人关系"，儒家从人谈天，从人的角度来阐述"天人合一"，在"赞天地之化育"的同时又肯定人为万物之灵，主张"尽人事以与天地参"。儒家肯定天与人的联系，注重人与自然和谐，认为"仁者以天地万物为一体"，一荣俱荣，一损俱损，尊重自然即是尊重自己。同时，儒家还深刻洞悉到万物之间存在某种内在的必然联系，人作为天地万物的一部分必须要顺天守时，严格按照自然规律办事，"天行有常，不为尧存，不为桀亡。应之以治则吉，应之以乱则凶"。

2. 道家思想

道家以老庄为代表，把"道"作为万物的本源和基础。"道生一，一生二，二生三，三生万物""天地与我并生，而万物与我为一"与"以道观之，物无贵贱"，反映了道家对人与自然平等关系的看法，反对人类凌驾于自然界，主张以道观物，以达到天人和谐。"人法地，地法天，天法道，道法自然"，认为宇宙万物的生成根源于自然，人类社会是自然界的组成部分，认为应该按照"自然"的方式对待自然，要懂得尊重自然、爱惜自然。同时，道家认为要使人保持人与自然和谐相处而不违反自然规律，必须做到知足不辱、知止不殆。要适度克制欲望，使自己的欲望顺应自然法则，以保持人与自然的和谐统一，"常固自然""不以人动天"。道家主张人类要尊重自然，凡事都应顺应自然，但并不是要人降低到生物学意义的动物，否认人在宇宙万物中的地位，"道大，天大，地大，人亦大。域中有四大，而人居其一焉"。

3. 佛家思想

在中国传统文化中，关于尊重生命的思想表述得最为完整的是佛教禅学。在生态问题上，佛教认为宇宙本身是一个拥有巨大生命之法的体系，无论是无生命物、生物还是人都存在于这个体系之内，生物和人的生命只不过是宇宙生命的个体化和个性化的表现。在佛教理论中，人与自然之间没有明显界限，生命与环境是不可分割的一个整体，"依正不二"。众生平等是佛教生态伦理思想的核心，从观念上彻底否定了人在自然界"唯我独尊"的地位，否定了人对万物自命不凡的"妄有之见"。佛教主张善待万物和尊重生命的理念，集中表现在普度众生的慈悲情怀上，教导人们要对所有生命大慈大悲。所有生命都是宝贵的，都应给以保护和珍惜，不可随意杀生。佛教信仰虽然带有宗教神秘的内容，不能从根本上解决人类保护生物的问题，但它所表现出来的对生命的尊重和关爱，对于人类更好地保护生态环境显然具有积极意义。

中国儒家、道家、佛家主要传统生态伦理思想，见图 1-3。

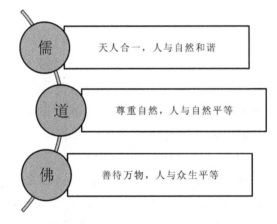

图 1-3 中国儒家、道家、佛家主要传统生态伦理思想

1.2.2 西方生态伦理思想

1. 动物解放论

动物解放论的主要倡导者是澳大利亚哲学家彼得·辛格，在其代表作《动物解放》中，他谈到一切物种都是平等的，人类应该把平等原则推行到动物身上，同等地关心每一个存在物的利益。在他看来，是否具有痛苦和快乐的感知能力，是决定是否将某个生命个体纳入平等道德关怀的标准。他认为，动物能感受痛苦，并且有其自身的利益，所以要把道德关怀扩展到动物，号召人们改掉肉食的习惯，改吃素食。动物解放论的另一代表人

物汤姆•雷根则以古希腊"目的论"和康德"道义论"为基础反对物种歧视主义，认为所有动物都是自己生命的体验主体，都具有独立于他者的有用性的天赋价值，是一种目的性的存在，因而都拥有获得康德式尊重的平等权利，不能仅仅被当作物品、工具、资源来对待，而应该作为道德顾客而获得道德关怀。

2. 生物中心主义

阿尔贝特•施韦泽是生物中心主义的创始人。他于 1923 年在其代表作《文明与伦理》一书中首先提出了"敬畏生命"的伦理观。生物中心主义的另一代表人物保罗•泰勒在其著作《尊重自然》中首先提出"自然的生物中心展望"的 4 个基本观点，即人类与其他生命一样，同为地球生命共同体的一员；所有物种之间是相互依赖的关系；所有的生物都是以自己的方式追求自身的善；人类并不优于其他生命物种。接着，泰勒提出 2 个问题，即如何从尊重自然的情感上升到一般规范，也就是如何落实到具体行动；如何解决生物之间的公平问题。

对于如何落实到具体行动的问题，泰勒提出了 4 个法则，即：无毒害法则、不干涉法则、忠诚法则、重构公平性法则。无毒害法则要求人类不伤害动物；不干涉法则要求人类不要干涉个体生物的自由，也不要干涉生态系统或生物群落；忠诚法则要求人类不欺骗或者背叛野生动物；重构公平性法则要求捕捉到野生动物的人将其重返自然环境，毁坏动物栖息地的人要负责恢复其栖息地。

对于如何解决生物之间的公平问题，泰勒提出了 5 个原则：自卫原则、均衡原则、最小失误原则、分配公平原则、重构公平原则。自卫原则出现在人类的健康和生命受到非人类生物威胁的情况下，满足人类的利益获得合法性；当非人类生命的基本利益与人类的非基本利益出现冲突时，均衡原则禁止人类为了满足利益而牺牲非人类的基本利益；最小失误原则指当人类的非基本利益与非人类的基本利益相兼容时，则可以满足人类的非基本利益，但是要以最大限度上降低对非人类生物的损害为前提；分配公平原则要求在人类与非人类生物之间，义务均担，利益共享；重构公平原则指在没有满足由最小失误原则和分配公平原则的条件下进行恢复。

3. 生态中心主义

生态中心主义的代表性思想——大地伦理学的创始人奥尔多·利奥波德，认为伦理是进化的，进化的过程是道德共同体范围扩大的过程。生命共同体不仅包括有生命的动物和植物，还包括土壤和水，这一切共同维系了大地的生存和繁荣，人类也只是这个共同体的平等一员和公民，应尊重共同体中的每个成员和共同体本身。利奥波德反对只注重经济价值的资源保护观点，认为凡有助于生命共同体存续的物种和生态系统本身都是有价值的。

生态中心主义另一位代表人物阿恩·纳斯提出深层生态学理论的两个最高准则：生物圈平等主义和自我实现论。美国环境伦理学家霍尔姆斯·罗尔斯顿的环境伦理学则以"内在价值"和"整体主义"为标志性概念，提出人对自然生态系统的道德责任是建立在自然存在物有内在价值和生态系统有系统价值的基础之上，无论是人对自然生态系统的道德义务还是人与人之间就环境事务而形成的道德义务，都应奉行整体主义原则，环境公益具有最高价值。

4. 生态马克思主义

马克思从唯物主义的角度出发，认为"人本身是自然界的产物，是在他们的环境中并且和这个环境一起发展起来的"。恩格斯从生物进化的角度出发，认为自然与人类有一种孕育繁衍的"血缘"关系，自然创造了人，人类是自然界中进化得比较完善的高级生物物种，"我们连同我们的肉、血和头脑都是属于自然界的，存在于自然界的"，"自然界，就它本身不是人的身体而言，是人的无机的身体……，自然界是人为了不致死亡而必须与之处于持续不断的交互作用过程的人的身体"。同时认为，自然界不仅具有有形的经济价值，而且还具有无形的精神价值，唯有秉承人与自然和谐共生的生态价值理念，唯有合理地调节好人与自然之间的新陈代谢，唯有人与自然实现良性互动，人类社会才不至于受到自然资源环境的约束，从而实现永续、全面、和谐发展。

西方主要生态伦理思想内容，见表 1-1。

表 1-1 西方主要生态伦理思想内容

动物解放论	生物中心主义	生态中心主义	生态马克思主义
一切物种都是平等的，人类应该把平等原则推行到动物身上，把道德关怀扩展到动物	人类与其他生命一样，同为地球生命共同体的一员，并不优于其他生命物种	人类是生命共同体中平等一员，应尊重共同体中的每个成员和共同体本身	自然创造了人，人与自然应和谐共生，需合理调节人与自然关系，实现良性互动

1.3 理 论 基 础

1.3.1 人地关系理论

人地关系是指人与地理环境之间的相互作用、相互联系的紧密关系（方创琳 等，2019）。其中"人"是指社会性的人，是指在一定生产方式下从事各种生产活动或社会活动的人，泛指包括生产、消费、交换、资源开发、文化创造等人类活动。"地"是指与人类活动密切相关的、无机与有机自然界诸要素有规律结合的地理环境，它是在空间上存在地域差异的地理环境，也是在人类作用下，已经改变了的地理环境，即社会、经济、文化环境等。

以人地关系为基本内涵的人地系统是一个动态的、开放的、复杂的巨系统。人地系统理论认为，人类社会是地球系统的一个组成部分，是生物圈的重要组成，是地球系统的主要子系统。该系统由地球系统所产生，同时又与地球系统的各个子系统之间存在相互联系、相互制约、相互影响的密切关系。人类社会的一切活动，包括经济活动，都受到地球系统的气候（大气圈）、水文与海洋（水圈）、土地与矿产资源（岩石圈）及生物资源（生物圈）的影响，地球系统是人类赖以生存和社会经济可持续发展的物质基础和必要条件。人类的社会经济活动，又直接或间接影响着大气圈（大气污染、温室效应、臭氧空洞）、水圈（水污染、淡水短缺，海平面上升）、岩石圈（矿产资源枯竭、沙漠化、土壤退化）及生物圈（森林减少、物种灭绝）的状态。人地系统理论是地球系统科学理论的核心，是陆地系统科学理论的重要组成部分，是可持续发展理论基础，可为生态文明建设提供宏观的指导。

1.3.2 人水关系理论

人水关系可简单理解为人文系统与水系统之间的关系，两者具有系统的形式和属性，均可看作由若干相互联系、相互制约的要素组成、有着特定结构和功能并会与外部环境发生关系的有机整体。以水循环为纽带，人文系统与水系统紧密联系在一起，共同组成一个复杂大系统，即人水系统，它是人水关系的研究对象。在人水系统中，人和水均为自然界的一分子，其运动有自身的固有属性和客观规律，与此同时两者又互为外部环境，通过物质、能量、信息的输入和输出产生着作用与反作用。一方面，从水系统角度来看，其具有资源、生态和环境功能，作用在人文系统则是保障人类的生存繁衍、社会进步和经济繁荣等发展需求。然而，水资源时空分布不均及有限性、水环境承载力的有限性和水生态修复力的有限性等水系统的基本属性也都是客观存在的事实，对水系统功能的发挥形成固有制约，严重时会威胁人类的生存和发展。另一方面，立足于人文系统，人类的生存安全和发展需求离不开对水的利用，因此用水、治水活动是必然的。然而，人类活动会对天然水循环过程产生干扰，改变了水系统的属性特征和相关功能，反过来又会影响人类的生活质量、用水习惯、经济结构和产业布局等，促进或制约社会、经济、科技和文化等水平的提高，进而影响人文系统的发展。两者相互依赖、相互影响，由此形成了一个极其复杂的作用与反馈系统，涉及"水与社会、水与经济、水与生态"等多方面，需要在包含与水有关的社会、经济、地理、生态、环境、资源等方面及其相互作用的复杂大系统中进行人水关系研究。

1.3.3 可持续发展理论

随着人们更加深入地反思工业文明对城市发展带来的系列问题，以及对更加科学合理人居环境的渴望，全球环境议题对未来的探索亦愈加明确，那就是普遍认可并承诺共同走向可持续发展道路（苗启明 等，2016）。1987年世界环境与发展委员会出版《我们共同的未来》报告，提出被广泛接受并引用的可持续发展定义："既能满足当代人的需要，又不对后代人满足其需要的能力构成危害的发展。"其基本思想包括：①可持续发展并不否定经济增长，认可经济发展是人类生存和进步所必需的，也是社会发展和保持、改善环境的物质保障，主张从经济过程中去寻找环境恶化的解决之道；②可持续发展以自然资源为基础，同环境承载能力相协调，追求人与自然的和谐；③可持续发展以提高生活质量为目标，同社会进步相适应，坚决摒弃"没有发展的增长"；④可持续发展承认自然环境的价值，支持把生产中环境资源的投入计入生产成本和产品价格之中，逐步修改和完善国民经济核算体系，实施"绿色 GDP"；⑤可持续发展是培育新的经济增长点的有利因素，能够为那些质优、效高，具有合理、持续、健康发展条件的绿色产业、环保产业、保健产业、节能产业等提供发展良机，培育新的增长点。

总而言之，可持续发展是要实现区域发展的代内、代际公平，是对传统工业文明发展模式的系统反思，也是生态文明应有之意。当前的可持续发展已不再停留在概念层面，更关注对现实问题剖析及治愈路径的探索，不仅追求物质环境"生态化"，还包括社会文明"生态化"，并兼顾不同区域空间、代际间发展需求的平衡。

1.3.4　主体功能区战略

主体功能区战略认为，生态文明建设的首要任务是优化国土空间开发格局，即"要按照人口、资源、环境相均衡，经济、社会、生态效益相统一的原则，控制开发强度，调整空间结构。加快实施主体功能区战略，推动各地区严格按照主体功能定位发展，构建科学合理的城市化格局、农业发展格局、生态安全格局。实施主体功能区战略对于贯彻落实"均衡、统一"原则，调整国家和区域层面的空间结构，构建国土空间开发与保护格局具有基础性、战略性意义。

《中华人民共和国国民经济和社会发展第十一个五年规划纲要》提出了推进形成主体功能区的要求，《中华人民共和国国民经济和社会发展第十二个五年规划纲要》则将其提升到战略高度，"实施区域发展总体战略和主体功能区战略，构筑区域经济优势互补、主体功能定位清晰、国土空间高效利用、人与自然和谐相处的区域发展格局。"《中华人民共和国国民经济和社会发展第十三个五年规划纲要》明确提出"强化主体功能区作为国土空间开发保护基础制度的作用，加快完善主体功能区政策体系，推动各地区依据主体功能定位发展。"具体而言，实施主体功能区战略，就是要按照优化开发、重点开发、限制开发和禁止开发的区域功能定位，优化国土空间开发格局，实施分类管理的区域政策，基本形成适应主体功能区要求的法律、法规和政策体系；按照不同区域的主体功能定位，实行差别化的评价考核；发挥全国主体功能区规划在国土空间开发方面的战略性、基础性和约束性作用（樊杰 等，2013）。

第2章 国内外生态文明建设主要经验

对国内外典型区域的生态文明建设的主要做法进行系统梳理和总结归纳，能够为洱海流域的生态文明建设提供宝贵的借鉴价值。

2.1 国外典型做法

西方发达国家较早进入工业文明阶段，大部分经历了"生态破坏之痛和绿色发展之兴"的发展过程。国外尚未有生态文明的提法，但在国土规划、能源开发利用、温室气体减排、法律法规建设等方面进行过较多的理论研究和实践探索，取得了较多成果（刘湘溶，2015）。

2.1.1 美洲地区

1. 美国伯克利生态城市建设

美国生态城市的倡导者理查德·雷吉斯特组建了"城市生态"组织，并从 1975 年开始在美国西海岸的滨海城市伯克利进行了卓有成效的建设实践，相关理念和做法在全球产生了广泛影响。

第一，职住平衡，引导大众低碳出行。伯克利合理布局生活、生产空间，在城市交通系统建设方面遵循着"依靠就近出行而非交通运输实现可达性"等可持续发展的理念。市内交通除公交等日常交通工具以外，还鼓励市民减少对小汽车的依赖。

第二，规范约束，贯彻生态节能技术。伯克利成立市政节能机构并制订《伯克利住宅节能条例》，号召人们节约能源，在居住区广泛采用隔热绝缘材料、再生能源、太阳能热水器、太阳能空气加热器、被动和主动节能系统等。

第三，多规整合，完善生态保护体系。伯克利将生态敏感地区的保护和城市绿地、社区公园的规划建设结合起来，对生态脆弱地区采取下级式保护方法，自然保护区、城市公园与社区公园规划相互衔接。

第四，区划功能，分别制订开发方案。伯克利的土地利用贯彻了生态保护理念，以集中布置商业功能、最大限度地发挥土地价值为原则，将全市划分为 4 大块，即中心城区、南伯克利、西伯克利及海滨地区，因地制宜拟定开发、保护方案，各区域现有功能、规划功能及开发强度，见表 2-1。

表 2-1　伯克利区域功能分区

规划区域	现有功能	规划功能	开发强度
中心城区	办公、娱乐与商业中心	经济中心、历史文化中心	中、高
南伯克利	居住区	工作、居住、教育培训中心	中
西伯克利	产业用地（生产制造基地）	工业、商业及居住	中
海滨地区	海滨度假区	娱乐、开放性空间	低

第五，环境利用，提供民众就业机会。依托良好的自然环境吸引知名高校入驻，形成以高校教育为核心的服务业发展模式，提供了众多就业机会，解决了全市 1/6 人口的就业，促进了经济繁荣。

第六，完善管理，保护水体生态系统。设置城市溪流管理委员会，颁布《溪流保护法令》，提高私有土地业主保护河道的积极性。重视水环境污染防控设施建设和完善，通过建立管理信息系统对管道进行检测、修理，与其他城市一起联合签署《水体保护法令》。

2. 美国纽约标准区域规划

在纽约区域规划协会的主导下，纽约在 1921~1996 年共做过 3 次区域发展规划，成效明显，影响深远，其中第三次规划对确立纽约的国际地位尤为关键。

第一，规划目标：重建 3E。3E 是指经济（economy）、环境（environment）与公平（equity）。由于生活质量日益成为评判区域在国内外竞争力的标准，而 3E 是生活质量的基本保证，所以规划的基本目标就是凭借投资与政策来重建 3E，而不是仅仅局限于其中的某个方面，顾此失彼。

第二，规划路径：通过 5C 整合 3E。5C 是指 5 个战役（5 campaigns），即植被、中心、机动性、劳动力、管治。其中，"植被"要保证地区森林、分水岭、河口、农田等绿色基础设施，确立未来增长的绿色容量；"中心"

致力于区域中现有的市中心就业及居住的增长;"机动性"提供一个全新的交通网络,把重新得到强化的中心联结起来;"劳动力"为那些居住于中心的团体与个人提供必需的技能与联系,使他们能够融汇到经济主流之中;"管治"是通过新的途径来组织政治机构与民众机构,并赋予它们活力。

与此同时,纽约区域规划协会相应地制定了 77 条专门的建议,以推进规划目标的实现。

3. 美国环境经济政策

作为世界上最发达的国家之一,美国在寻求资源开发、生态建设与环境保护的科学道路上已走在世界前列,包括矿采制度、生态补偿、能源补贴等在内的多种环境经济政策得以广泛应用,取得良好成效。

第一,矿区开采实行复垦抵押金制度。1977 年,美国通过《露天矿矿区土地管理及复垦条例》,规定矿区开采实行复垦抵押金制度,抵押金用于老矿区土地的恢复和复垦。如未能完成复垦计划,其押金将被用于资助第三方进行复垦。

第二,推出并实施排污权交易政策。1990 年,美国最早推出实施二氧化硫排污权交易政策,有效地促进了二氧化硫减排。其他类型污染物的排污权交易政策也逐步得以推行和完善。

第三,把生态补偿作为环境保护的一种选择。美国流域下游受益区的政府和居民将向上游地区做出环境贡献的居民进行货币补偿,并借助竞标机制和遵循责任主体自愿的原则来确定与各地自然和经济条件相适应的租金率,确定补偿标准,化解了许多潜在的矛盾。政府承担了生态补偿的大部分资金投入。

第四,可再生能源的开发和利用。通过立法,制定税收抵扣、减税、免税和特殊融资等方面的财政优惠政策,鼓励可再生能源的开发和利用,以各种方式对新能源产业予以大力扶持。不断加大可再生能源开发规模,改进能源传输基础设施,大力资助基础和应用性科学研究项目,积极推行消费者补贴,有效避免补贴供应方和出口企业而可能带来的国际贸易争端。

4. 巴西环境治理模式

为保护生物多样性和生态环境,巴西政府采取了一系列措施,成效显著，在发展中国家中独具特色。

第一，环境立法体系健全。巴西于 1988 年在新宪法中专门增加环境一章，成为世界上第一个将环境保护内容完整写入宪法的国家。宪法不但规定了一系列环境治理和生态保护的法规，而且确定了政府和公民保护环境的权利和义务，将环境治理上升到国家最高法的层面。同时，一系列涉及环境保护的新法律、新法规陆续颁布，逐步形成体系。其中，许可证制度和环境犯罪法震慑力度大，实施效果好。

第二，环境保护执行机构完善。为落实环境各项法律和规章制度，巴西注重环境保护执行机制的构建，不但形成从中央到地方的环境政策制定与规划机构，而且建立了由联邦政府、州政府、市政府组成的"全国环境机构的联动体系"，负责环境保护执行的协调工作，形成环境管理与执行的"三位一体"架构。

第三，环境保护执行方式多样。巴西环境部专门设立"执行秘书长"一职，协助环境部长监控、协调评估各秘书处的工作，并监督、协调和完善部门年度工作计划和预算，以促进环境部内部职能调整和公共政策实施。组建了环境执法队，行使环境监督管理的职能，并将遥感卫星等高新技术应用于环境监督管理。巴西联邦机构可介入环境执法行动，形成独特的"环境监察司法"。每家大中型企业中均有环境保护官员常驻，负责监督企业的环境保护行为，对企业的发展实施一票否决权。

第四，多方联动官民并举。巴西不仅在政府管制层面出台严格法律规范公民的环境保护行为，而且在企业和公民社会的层面出台诸多措施，鼓励企业、公民参与环境保护，提升公民的环境保护热情和意识，形成政府、企业、公民"三体联动、官民并举，共同参与"的环境保护治理格局。在联动机制推动下，巴西一些地方政府出台互惠性法规，提升居民参与环境保护的积极性。在诸多民间与政府互动的创意中，"绿色交换"项目广受欢迎——引导市民将生活垃圾，诸如纸类、金属类、塑料类、玻璃类、油污类等垃圾收集起来，送到附近的交换站，交换西红柿、土豆、香蕉等食品。

第五，环境保护投入力度巨大。巴西政府高度重视环境保护投入，不惜投入巨资保护环境。为从严治理环境，从 20 世纪 70 年代末起，巴西历届政府不断推出环境管理的新计划、新措施和新手段。如"消除破坏臭氧层计划""国家森林计划""亚马逊可持续发展计划""城市垃圾回收再利用网络""机动车尾气治理行动""环境监测第三方执行"等。

第六，注重国民环境保护教育。巴西政府将环境保护教育以立法形式加以确定，根据《环境基本法》，巴西全国中小学必须开设环境保护教育课程，旨在告知学生环保的权利和义务，教育学生从小认识环境保护的重要性及违法的危害性，以及在中小学普及如何进行垃圾分类、辨别生活用品是否有利于环境等环境保护常识。1999 年巴西正式出台《国家环境教育法》明示，加强环境保护教育是政府带头、全社会共同参与的职责所在，各级教育机构责无旁贷，必须开展环境保护教育；各企事业单位、媒体等社会主体必须明确自身所承担的，并须积极履行环境保护教育与宣传的责任。

第七，民间环境保护组织活跃。巴西的民间环境保护组织尤为活跃，他们忙碌于环境保护的各个领域，既有普及环境保护常识、动员参与环境保护活动、技术含量相对较低的民间组织，也有配合政府环境管理、向政府提供环境保护信息、参与环境法律诉讼的专业组织，更有运用环境保护和监测技术、改善环境质量和提高监督手段、具有高科技背景的民间组织。

美洲部分国家和地区生态文明建设主要做法及比较，见表 2-2。

表 2-2　美洲部分国家和地区生态文明建设主要做法

地区及项目	主要做法
美国伯克利生态城市建设	注重职住平衡，引导大众低碳出行；贯彻生态节能技术，完善生态保护体系；对不同功能区，分别制定开发方案；借助环境优势，提供民众就业机会；完善管理，保护水体生态系统
美国纽约标准区域规划	将重建 3E 作为规划目标，通过 5C 整合 3E
美国环境经济政策	矿区开采实行复垦抵押金制度；推行实施排污权交易政策；把生态补偿作为环境保护的一种选择；重视对可再生能源的开发利用
巴西环境治理模式	环境立法体系健全；环境保护执行机构完善；环境保护执行方式多样；环境保护投入力度巨大；注重国民环境保护教育；民间环境保护组织活跃

2.1.2　欧洲地区

1. 瑞士国土空间规划

瑞士国土空间规划起步早，规划全面，层次分明，为改变当前的大都市发展趋势,构建多中心-网络化的城镇体系,提出了多个国土空间规划方案,主要做法如下。

第一,规划全面,事权明晰。联邦制定全国的空间概念发展规划和必要的专题规划,州制定结构规划,市镇制定土地利用规划。通过这些不同层次的规划,瑞士形成了总体上相互协调的规划体系,明确规定了联邦、州和市镇在空间规划方面的责任、义务和公众参与的要求。各级空间规划管理部门依据相应权限,管理统一,职责明确。

第二,目标统一,重视协调,加强合作。瑞士各级政府的空间规划目标统一。空间规划的首要目标是土地的节约利用。联邦、州和地方政府对确保土地的节约利用共同负有责任,他们通过协调各自对空间有影响的活动和"实施期望的国家发展方向的规划"来承担自己的责任,实现土地的节约利用。

第三,量化的可持续发展。可持续发展作为瑞士公共部门行动的目标之一,深植于《联邦宪法》中。联邦空间发展办公室以《可持续发展战略(2002年)》和相关法律做参考,也在空间发展的具体条款中强调了可持续发展的重要性。所以,可持续发展是瑞士国土空间规划的目标、重要原则和指导思想。联邦空间发展办公室认为可持续发展的关键方面是社会经济要素、城市发展、土地利用和人口流动性。

第四,广泛的公众参与。公众参与是瑞士政治制度的传统,政府行政的首要前提是反映公众的意愿。瑞士法律规定,建设和开发活动必须取得公众许可。所以,规划都必须有征询民众意见的程序,必须充分听取公众的意见,部分规划还需通过公民投票,特别是动用公共投资和公民倡议的项目,需要首先向公众说明项目的目的、意义,建设资金的来源、用途和受益情况,以作为公众审议的基础。修改城市的空间规划也必须在征求公众的意见和各党派、各民间团体意见的基础上,按法定程序审批,以此平衡各级政府、各个党派和民间团体及利益相关人的利益。因此,公众都能在瑞士的国土空间规划中充分发表意见。政府必须对公众的意见进行充分协调,必要时进行全民公决,以决定是否批准城市规划,是否许可建设项目。

2. 德国国土空间规划

2005年德国以促进增长和创新,保证公共服务,保护资源、塑造文化景观等为目标，制定全国总体国土空间规划，在国家层面明确了大的国土空间发展战略目标和原则，以及国家城市网络、生态网络、交通网络等的布局等。对具体地域的空间管制，则通过州层面的区域规划和市（镇）层面的土地利用规划等予以落实，主要做法概括为 7 个方面。

第一，人口分布大均衡、小集中。从整个国家的空间布局看，人口、经济等在国土空间总体上均衡分布；同时，在较小区域范围内要实现人口、经济的集中分布，提高土地等资源的利用效率。全国尽管存在较大的东西差异，但从整体的都市区分布看，基本呈现均衡分布的格局。

第二，划分空间结构类型，明确功能定位。为将规划目标和原则在空间上具体化，德国按中心地交通连接度和人口密度将国土空间分为中心空间、过渡空间和边缘空间三大类型，并进一步细分为内层中心空间、外层中心空间、有人口增长迹象的过渡空间、人口稀少的过渡空间、人口增长的边缘空间、人口稀少的边缘空间 6 种类型。

第三，积极开发增长潜力大的地区。德国西部地区的开发重点在一些核心城市，而在东部情况则有所不同，东部一些城市的周边地区，由于交通便利、土地供应充足且价格相对低廉，近年来已成为新的投资热点地区，空间规划中对这些地区十分关注，并通过加强基础设施建设和财政支持等进一步增强这些地区的吸引力。

第四，有效保障生态安全。德国的国土空间规划卓有远见地看待开敞空间保护问题，并提前进行保护。例如，在国土范围内划定了"绿心"地区和十几个国家风景区，中央政府与这些地区相邻的州和团体签署协议，使这些地区得到强有力的保护，并使环境破坏得到制止。只要可能，还禁止发展高密度农业，也禁止城市和乡村向这些地区扩张。

第五，建设生态网络，增强自然系统恢复能力。除划定自然保护区外，建立保护区之间的有机联系也很重要。因为物种消失首先是空间分割造成的，对自然空间的分割使自然系统脆弱性明显增强，对基因质量和生物多样性造成威胁。对此的解决办法是：对自然地区加强保护并使这些地区相互连接起来，创造足够的可能性使动物能够自由迁移，从而保持物种交流的频率和基因的质量。

第六，坚持集约开发，充分利用现有空间资源。德国对中心空间的开发坚持土地利用先内后外的原则，尽量在原有居住地进行开发重建，避免额外的基础设施建设，并划定绿色地带严格限制开发，节约开敞空间。除新建城市外，原有的城市大部分发展都控制在原地域内，其主要做法是在城市之间预先设定并建设缓冲区，一般用于农业、休闲等，控制工业和居住开发，有效地控制了城市蔓延。

第七，优化交通网络，提高区域可达性。德国交通在空间规划中的作用正在越来越突出，改善交通网络是实现空间规划目标的重要途径。在德国国土空间规划中，空间可达性与人口密度并列为分析空间结构的两个核心指标。可达性不仅要考虑城市的空间位置，更重要的是一个地点与周边的关系，即空间上的通勤关系。具体来说，一方面需要根据居民的交通需求，优化道路网络，使交通组织与人口、经济的分布相协调；另一方面，则要超前谋划交通布局，并以此引导人口流动和城镇建设，与空间规划的意图相吻合。

3. 德国鲁尔区综合整治

第二次世界大战后，鲁尔区再度成为德国经济复苏的发动机，但也因此成为德国空气污染重灾区。20世纪60年代，德国开始致力于经济效益、社会效益和生态效益的平衡，制订了综合整治总体规划，主要内容概括为4个方面。

第一，调整产业结构。这是综合整治的核心，主要是对煤炭、钢铁工业进行改造，对传统的老矿区进行清理整顿，对那些生产成本高、机械化水平低、生产效率差的煤矿企业进行关、停、并、转，并将采煤业集中到盈利多的和机械化水平高的大型企业，调整产品结构和提高产品技术含量。

第二，积极发展科技。通过技术带动新兴工业和第三产业的发展，大力扶持新兴产业。为了适应产业转型对人才和技术的需求，鲁尔区陆续建立起大学和科研机构，为鲁尔区的产业转型提供技术和智力支持。

第三，调整工业布局。为就近获得通过鹿特丹港进口的铁矿石，钢铁工业日益集中到西部，有的钢铁公司甚至将高炉建到荷兰海边。同时，加强交通建设，鲁尔区有稠密的铁路网、高速公路网，莱茵河的水运也很方便。

第四，严格环境立法。实施矿区生产恢复建设与环境保护相结合。1964年，鲁尔区所在的北莱茵-威斯特法伦州出台了德国第一部地区污染防治法，设定了空气污染浓度的最高限值，重视矿区的环境修复。把煤炭转型同国土整治结合起来,列入整个地区发展规划,并为此专门成立整治部门,负责处理老矿区遗留下来的土地破坏和环境污染问题。

4. 丹麦能源消费实践

丹麦为摆脱过度依赖石油进口困境,主要采取 4 种方式。

第一,消费结构转型。丹麦政府把发展低碳经济置于国家战略高度,制定了适合本国国情的能源发展战略。在能源消费结构的转型中,大力提高能源自给率,努力实现能源来源多元化。

第二,能源类型替代。丹麦风力资源丰富,有着利用风力资源的悠久传统,且处于世界领先水平。在发展风电时,高度重视分布式能源发展,不仅使小型、分散、有效、清洁的可再生能源资源得以利用,而且使发展可再生能源与农村经济发展、边远地区经济发展联系起来。

第三,发展低碳经济。为了使低碳经济在较短的时间内得到迅速发展,丹麦政府制定并实行激励性的财税金融政策,包括开征碳税、财政补贴、税收优惠及价格杠杆。不断加大政府对能源技术创新的资助力度。实行输配电分开制度,为风电并网提供了可能。积极探索新的投资模式,实行了私人投资与家庭合作投资模式。

第四,减少终端消费。在能源终端利用上,丹麦政府从消费者和企业入手,以节能的方式来减少能源的消费量。通过政府的长期努力,节能的观念早已渗透到社会的各个角落,能源与环保一体共生,是丹麦人的生活方式。丹麦的低碳消费不仅体现在低碳交通上,还体现在低碳建筑上。而且,丹麦为了提高人们的低碳意识,开展了很多低碳活动及低碳教育。

5. 法国环境保护法规建设

作为特别注重生活体验和环境质量的发达国家,法国在环境保护法规建设方面取得较多成效,主要体现在以下 4 个方面。

第一,重视多领域环境立法。1960 年法国出台了第一部有关建立国家自然生态保护区的法规,此后,水资源保护,垃圾分类处理,污染性气体排放及空气质量监督,环境噪声管理,规范产品包装生产和使用,电子废料回收,以及建筑节能、风力、核能等新能源开发等领域,都以立法来保障和激励环境保护行动。

第二，重视高级别环境立法。2005 年法国议会通过了一部环境法规的集大成者《环境宪章》，该宪章将环境利益上升到国家根本利益的高度，对生态保护和可持续发展做了宪法性解释和说明，明确规定：公民享受健康环境的权利和保护环境的义务神圣不可侵犯。《环境宪章》至此成为法国现行的 1958 年宪法的一部分，并被赋予了和 1789 年《人权宣言》及 1946 年《宪法序言》同等重要的法律地位。该宪章将环境问题置于国家法律最高等级，法国也成为世界上第一个通过宪法保护公民环境权的国家。

第三，重视环境保护部门协调合作。在环境保护法律框架下，政府加强职能部门分工与合作，提高对环境保护工作的统筹管理、引导和监督。为了减少环境治理中各利益部门的冲突，将能源、交通、海洋、城市规划、房屋建筑等产业部门与生态保护、可持续发展战略研究等机构进行合并，组建了环境与可持续发展部。在地方行政部门中，则由省长或市镇长（行政机构最基层）统一部署全省或市镇的环境治理工作。至于环保的监督机制，则由环境与可持续发展部下属的工业、研究和环境事务地区监察局来负责，它们分布在法国各个大区，对所辖区域各级单位进行定期或不定期情况检查。监察局直属国家环境与可持续发展部垂直管理，拥有监督环境保护和措施落实的绝对职责，任何受检单位必须配合环境保护检查，如妨碍检查工作则被视为犯罪行为。

第四，推动企业引领创新。靠新产品、新科技实现可持续发展，已成为不少法国企业制定的长期战略目标，企业在谋求发展的同时要承担对社会的环境责任，不断进行技术改造和生产工艺的"绿色革命"。越来越多的公司正将生态环保和可持续发展作为企业发展的新支撑点，以高科技来推动二者的协调共存。

6. 欧盟可再生能源战略

为促进新能源产业的发展，欧盟出台了多种补贴政策予以扶持。

第一，以立法手段推动新能源产业发展。早在 2001 年，欧盟就通过立法推广可再生能源发电。2009 年通过了新的可再生能源立法，把扩大可再生能源使用的总目标分配到各成员国。2010 年公布新能源战略，提出未来 10 年需要在能源基础设施等领域投资 1 万亿欧元，以保障欧盟能源供应安全和实现应对气候变化目标。2010 年，欧盟委员会通过了《能源 2020》战略文件，要求欧盟及其各成员国有必要在节能方面采取有力措施，并整合欧洲能源市场。

第二，价格支持和数量要求双管并举。总的来看，欧盟为了鼓励利用可再生能源发电，补贴方式大致可以划分为两类。一类是价格支持，欧盟委员会认为上网固定电价制度对于推广可再生能源发电来说是"最有效"和"最经济"的支持方式；另一类是数量要求，即规定电力供应商必须保证其一定比例的电能来自可再生能源。这方面比较有代表性的是英国的"绿色证书"制度。

第三，减税和贷款优惠等多种手段促进新能源发展。除价格支持和数量要求这两种主要方式外，欧盟国家还通过税收减免和贷款优惠，甚至是直接的现金补助等财政手段促进新能源产业的发展。例如，在部分欧盟国家，利用可再生能源发电的企业可以免缴碳排放税。例如，英国政府在 2010 年 2 月出台的《清洁能源现金回馈方案》规定，凡是安装太阳能板和微型风车的家庭和小商户将可以领取补贴，年限 10~25 年不等。

欧洲部分国家和地区生态文明建设主要做法及比较，见表 2-3。

表 2-3　欧洲部分国家和地区生态文明建设主要做法

地区及项目	主要做法
瑞士国土空间规划	规划全面，事权明晰；目标统一，重视协调；重视量化的可持续发展与广泛的公众参与
德国国土空间规划	合理布局人口，大均衡、小集中；划分空间结构类型，明确功能定位；积极开发增长潜力大的地区；有效保障生态安全；建设生态网络，增强自然系统恢复能力；坚持集约开发，充分利用现有空间资源；优化交通网络，提高区域可达性
德国鲁尔区综合整治	调整产业结构；积极发展科技；调整工业布局；严格环境立法
丹麦能源消费实践	消费结构转型；能源类型替代；发展低碳经济；减少终端消费
法国环境保护法规建设	重视多领域环境立法；重视高级别环境立法；重视环境保护部门协调合作；推动企业引领创新
欧盟可再生能源战略	以立法手段推动新能源产业发展；价格支持和数量要求双管并举；利用减税和贷款优惠等多种手段促进新能源发展

2.1.3 亚洲地区

1.日本全国综合开发规划

日本的国土规划称为"全国综合开发规划",是日本区域开发规划体系中最上位的规划,为解决各个发展阶段不同的时代背景及环境条件下的发展问题,第二次世界大战后日本共编制了多次"全国综合开发规划",在一定程度上促进了日本国土复兴和地区社会经济的均衡发展,主要做法概括为 6 个方面。

第一,规划目标与重点明确。日本重视建立区域经济协调机制,以缩小区域差距,通过制定不同类型的国土开发规划,形成多轴、多核型的国土结构,以缓解城市发展"过疏"和"过密"的问题。日本 5 次全国性的国土综合规划,都是根据不同的发展目标和发展条件进行编制,规划目的明确、针对性强,因此实施效果往往也比较理想。

第二,规划编制主体广泛参与。在日本,政府部门、专业规划机构和社会公众都积极参与空间规划,倡导并践行规划主体的多元化,"第六次国土规划(2006—2020)"特别提出要依靠"新公共领域拓展",使社会公众更大限度地参与国土空间规划。

第三,规划运作体系层次清晰。日本区域开发的规划体系分为全国、区域、都道府县、市町村 4 个层次。运作体系层次分明,结构清晰,充分考虑不同层次规划之间的衔接,下层规划不能背离上层规划,上层规划也要适应下层规划的需要。注意将产业政策、财政政策和金融政策等融于国土规划之中,重视各级、各类规划之间的沟通和衔接。

第四,规划协调与合作机制完善。负责编制任务的日本国土交通省是2001 年新成立的中央政府的职能部门,由中央国土厅、建设省、运输省、北海道开发厅合并而成,能够较好地协调国土开发和建设、区域基础设施配置等国土空间规划中的重要内容,从国家和区域层面综合地对资源进行合理配置。

第五,规划法律与政策保障有力。以权威性的核心法律《国土综合开发法》作为指导形成了完善的立法体系。针对不同区域采取合适的政策,奖励与区域政策目标相符的区域经济行为,控制与区域经济目标相悖的区域经济行为。

第六，健全的实施机制。日本国家层面相对完善的实施机制保证了国土规划能够得到实施。首先，日本在对区域开发进行规划并实施时，制定了相关的法律框架，明确规划的法律依据及编制目的，确保财政资金的支持，从而有效地推进开发项目的实施。其次，中央政府除对全国和跨区域的开发拥有强有力的规划和协调功能外，对特殊地方的开发还有专门的下管机构，中央政府和地方政府之间有明确的工作分工和事权范围。此外，相关的法律直接规定了国土开发中的财政和金融支持，并明确了中央和地方的财权和投入比例。中央政府通过对相关的开发项目进行财政补助和对特定地区的开发项目的预算进行统一管理，推动国土规划的实施。

2. 日本资源环境法规建设

日本人多地少，各类自然资源相对匮乏，环境承载力较低，特别重视资源环境法规建设，主要做法概括为 7 个方面。

第一，建立循环型社会基本法。2000 年日本政府为了推动环境负荷低和资源利用率高的循环型社会的构建，颁布了《建立循环型社会基本法》，该法旨在建立一个"最佳生产、最佳消费、最少废弃"的循环型社会形态，实现由大量生产、大量消费、大量废弃的经济型体制转为循环型经济体制。

第二，建设生态工业园区。从 1997 年开始先后批准建设了数十个生态工业园区。采取政府主导、学术支持、民众参与、企业化运作模式，通过建立产学研三位一体的生态城园区，将技术研发和生产紧密结合起来，使资源利用效率大为提高，形成了完整的循环产业链，循环经济得到了快速发展。

第三，实现低碳社会行动计划。2008 年 7 月，日本政府内阁通过了《实现低碳社会行动计划》，明确制定了日本整体经济社会迈向低碳经济社会的目标和具体行动指南，这一计划包括以政府为首的低碳社会行动监督与管理职责、政府财税支持政策及一系列的技术实用化方面的指标。

第四，实施能源本土化战略。不但加大了日本海域的油气勘探开发和在海外石油勘探开发的投资，努力提高自主能源比率，也使日本核能发电、太阳能发电、水力发电、废弃物发电、海洋热能发电、生物发电、绿色能源汽车、燃料电池等得到发展。其中，核能和海洋热能已成为日本国产能源的亮点，2018 年将甲烷水合物能源开发推向商业化。

第五，温室气体排放权交易。2010 年 8 月，日本宣布向东南亚的 9 个国家转让最先进的低碳减排技术和设备，以换取这些国家相应的温室气体排放权，以实现到 2020 年在 1990 年的排放基础上减排二氧化碳 25%的承诺。

第六，能源基本计划修正案。2010 年 3 月公布能源基本计划修正案，提出在 2020 年前要使下一代新能源汽车销售量占到新车销售量的一半；2030 年前家庭照明要普及高节能发光二极管；要扩大利用太阳能和风能等可再生能源；创设"自主能源比率"概念，提出 2030 年要使能源自主率由现在的 38%提高到 70%。

第七，推进资源再生利用。分别制定《绿色采购法》和《资源有效利用促进法》，同时为促进各种可再生物质的回收利用，分别制定和实施了《促进包装容器的分类收集和循环利用法》《家电再生利用法》《建筑材料再生利用法》《食品再生利用法》《报废汽车再生利用法》等，有效地推进了日本循环型社会建设。另外，还创新地将家电、汽车、住宅作为"低碳生态消费三大支柱"，启动"低碳生态住宅积分"，推动新建的节能低碳地产发展。

3. 韩国低碳绿色发展

作为后起之秀的韩国，在 2009 年 8 月推出了《低碳绿色成长国家战略》，力争到 2020 年成为世界第七大"绿色强国"，到 2050 年成为世界第五大"绿色强国"，并为此制定实施了"三大推进战略"。

第一，积极应对气候变化，有效减少温室气体排放，不断降低对石油的依赖度，实现能源自立。

第二，开发绿色技术，培育绿色产业，优化升级产业结构，创造绿色发展的新动力。

第三，发展绿色建筑和绿色交通，改变国民生活模式，提高人们生活质量，提升国家综合竞争力等。

4. 尼泊尔生态环境保护

尼泊尔坐落在"世界屋脊"喜马拉雅山南麓，是以山地为主，自然生态系统的有效保护主要归功于良好的环境管理体系，主要做法概括为 2 个方面。

第一，强有力的政府管理模式。开设国家公园和自然保护区，对尼泊尔稀有野生动植物、特殊景观和生态系统的保护起到了非常重要的作用。在管理机构上，国家林业和水土保持部下设国家公园和野生生物保护司，全面负责国家公园和自然保护区管理工作。对于跨区域的自然保护区或国家公园，则会设立一个区域办公室，协调各区间的保护区或国家公园。同时，国家林业和水土保持部下设了水土保护和流域管理司、林业管理司、林业研究和勘测司，分别负责全国水资源和土地资源的保护、林业资源的保护、管理和监察工作。在制度保障上，尼泊尔先后颁布了一系列法律法规，提出了生物多样性保护、自然资源管理、水土保持等行动计划，从政策体质上保障了自然生态的有效保护。同时，尼泊尔政府管理部门与国内外非政府组织（non-governmental organizations，NGO）联合开展了一系列有关环境保护、自然资源管理、水土保持、社区可持续发展等方面的工程项目和研究计划，为自然生态保护提供了必要的科学依据和有力的技术支撑。

第二，有效的社区管理模式。尼泊尔将林地的经营和管理权下放给当地社区，在国家和地方林业部门的宏观调控下，将已遭到破坏或退化的林地作为"造林地"、将基础状况良好的林地作为"保护地"来管理；社区林业管理模式根据"谁建设、谁受益、谁保护、谁获利"的原则，鼓励社区成员有效培育、管理和利用林地资源；社区"造林地"内可以适当发展商品林业，社区林业管理委员会通过大会决议讨论种植模式、收获数量及收益分配方式；在社区"保护地"内社区成员可以自由采集枯枝落叶、牧草等副产品，但对原生林木实行严格保护，通过罚款或者取消经营权等手段禁止社区成员滥砍滥伐；非社区成员收集社区林地的林副产品时需要付费，部分商用林或"保护地"的林业产品交易必须通过委员大会讨论决定。实行社区林业管理制度后，社区林业管理委员会将林业收益的部分资金作为基金用于社区发展，包括学校、医院、公路等基础设施建设，其余部分根据社区成员的实际贡献进行分配，以帮助社区成员实现脱贫致富。在这种激励机制下，社区成员都积极参与林地保护与建设，林业的经济和社会效益得到了充分发挥，当地群众的生活水平得到了显著提高。

亚洲部分国家生态文明建设主要做法及比较，见表 2-4。

表 2-4　亚洲部分国家生态文明建设主要做法

地区及项目	主要做法
日本全国综合开发规划	规划目标与重点明确；编制主体广泛；运作体系层次清晰；协调与合作机制完善；法律与政策保障有力；制定健全的实施机制
日本资源环境法规建设	建立循环型社会基本法；建设生态工业园区；实现低碳社会行动计划；实施能源本土化战略；推行温室气体排放权交易；制定能源基本计划修正案；推进资源再生利用
韩国低碳、绿色发展	降低对石油的依赖度，实现能源自立；开发绿色技术，培育绿色产业，升级产业结构；发展绿色建筑和绿色交通，改变国民生活模式；提升国家绿色竞争力
尼泊尔生态环境保护	推行强有力的政府管理模式和有效的社区管理模式

2.2　国内典型做法

2.2.1　厦门市

近 30 年来，厦门市在生态文明建设方面成功探索出一条新路子，主要做法可概括为 7 个方面。

第一，着眼于社会自然生态一体化，树立生态城市建设理念。突出"海在城中、城在海上"的自然特征，在着重进行城市形态建设及功能开发的基础上，构建支撑整个生态城市的土地利用模式及市域生态安全空间格局。

第二，坚持以制度保障为先，积极构建生态城市治理结构。较早颁布 20 多个地方性法规或法规性文件，为厦门生态城市建设提供了相应的法制依据和保障，并且通过一系列的制度建设，逐步形成了具有厦门特色的生态治理制度体系。

第三，积极调整产业结构，大力发展生态经济。始终坚持"发展与保护并重、经济与环境双赢"的原则，以建设海湾型生态城市、全面提升和改善全市生态环境质量为目标，以"发展循环经济、生态经济、走新型工业化道路"为切入点，把环境保护与区划调整、产业布局调整、经济结构优化、削减污染物排放总量等工作结合起来。

第四，通过资源集约化利用来拓展城市发展空间。一方面，以降低工业能源、交通能源、建筑能源等成本为重点，大力开展节能工作，开展企业合同能源管理工作，对企业节能技术改造予以扶持。同时，将节能工作与市民的日常生活结合起来，有效降低城市发展能耗。另一方面，积极优化配置的水资源供给体系和完善有效的水环境保护体系，特别是引进和研发了经济适用型水循环利用新技术，有效降低了企业用水成本。

第五，自觉进行生态修复，实现生态与人居环境和谐。在经济发展过程中注重自觉进行生态修复，以保持生态环境与人居环境的自然平衡。联合国开发计划署（United Nations Development Programme，UNDP）高度评价了厦门市的海域生态修复工作，并将之作为东亚海域污染防治管理示范区的示范工程，在全球推广。

第六，主动开展区域综合整治，勇于承担生态共同责任。积极介入生态区域综合整治，并将之作为经济率先发展地区的使命与责任，实现区域生态与经济合作"多赢"。

第七，以人为本，推动公众参与群众性的生态文明创建活动。注重生态环境宣传教育工作，始终坚持以弘扬生态文明为着眼点，以推动公众参与为抓手，以绿色创建为突破口，环保、宣传、教育、新闻等部门在生态文明创建方面密切沟通、形成合力，大力开展生态道德全民教育，提高全体公民特别是广大青少年的生态道德素质。积极推动"绿色学校"和"绿色社区"创建工作，产生了明显社会效益。对环保非政府组织给予了充分的尊重和支持，发挥和挖掘环保民间组织的作用，形成政府引导、公众参与环境保护的良性发展局面。

2.2.2　贵阳市

2007 年底，贵阳市委通过《关于建设生态文明城市的决定》，并对相关任务责任进行了分解，提出要从八大方面开展生态文明城市建设：贯穿生态文明理念，做好生态文明城市规划；加强基础设施建设，完善生态文明城市功能；发挥比较优势，做大做强生态产业；实施四大治理工程，加强生态环境建设；实施"六有"民生行动计划，提升城乡居民生活满意度；弘扬生态文化，培育城市精神；创新机制，为建设生态文明城市提供有力保障；建立责任体系，强力推进生态文明城市建设。同时，从 2008 年起贵阳市在目标设置上改变了长期以来以 GDP 为核心的政绩考评标准和方法，创立了一套充分体现生态优先的生态文明城市指标体系，突出了生态经济、生态产业、生态环境等，充分反映了市民满意度、安全感、幸福感等内容的具体指标，把全市人民的关注度引导到建设符合贵阳市实际的生态文明城市目标上来。

具体是，贵阳市以"经济实力进一步增强、结构更趋合理、生态效应更加显现、民生改善更加扎实，人民更加安居乐业"为主旨，建立和确立了生态文明城市目标体系。从生态经济、生态环境、民生改善、基础设施、生态文化、高效廉洁 6 个方面，优选设置了 32 项指标，以此反映贵阳市建设生态文明城市的状况及动态。

2.2.3 杭州市

在推进城市化过程中，杭州市始终坚持"环境立市"战略，建设生态城市，弘扬生态文明，开创了一种具有杭州市特色的生态文明建设模式，主要做法概括为 3 个方面。

第一，注重地域特色。形成生态文明建设的"杭州模式"，主要内涵包括：以科学发展观为统领，以提高人民群众环境生活品质为主旨，以"环境立市"为战略，以生态市建设为抓手，以推动环境基础设施建设和解决突出环境问题为主线，以体制创新和科技进步为动力，以生态法制建设为保障，倡导生态文明理念，统筹城乡环境保护，提高污染减排实效，加强环境管理，改善环境质量，着力推进经济结构战略性调整，走生产发展、生活富裕、生态良好的文明发展之路。努力形成节约能源资源和保护生态环境的产业结构、增长方式、消费模式，打造资源节约型、环境友好型社会和生态文明城市的典范，共建、共享与世界名城相媲美的"生活品质之城"。

第二，注重阶段性。杭州市生态文明建设，具体可分三个阶段推进：第一阶段，2010 年之前，以生态市建设为载体，以环境整治、环境基础设施建设和生态文明理念宣传为抓手，加快生态市建设，全面启动生态文明建设细胞工程。第二阶段从 2011 至 2012 年，以生态文明细胞工程建设为载体，以落实长效管理为重点，发展壮大生态经济，持续改善生态环境，大力弘扬生态文化，生态市初现雏形。第三阶段从 2013 至 2015 年，以各级各类国家级生态文明建设细胞工程创建为载体，总结生态市建设经验，提升生态文明建设成果，达到国家级生态市建设标准，成为名副其实的全国生态文明建设示范市。

第三，注重生态创建。深入开展国际花园城市、国家环保模范城市、国家绿化模范城市、国家卫生城市、全国健康城市、国家森林城市、国家园林生态城市等一系列生态文明创建活动，同时扎实推进生态市建设和打造"国内最清洁城市"。在以上努力的基础上，杭州市生态文明建设取得较大成效，生态工程快速推进，生态安全有效保障，生态经济雏形初现、生态理念广泛传播。

2.2.4　宁国市

宁国市是安徽省辖县级市，拥有国家级宁国经济技术开发区（安徽宁国港口生态产业园）。经过多年的科学发展，该市走出了一条生态经济协调发展之路。

第一，构筑相融的自然生态。坚持"保护优先、科学规划、合理开发、综合利用"原则，把加强相融的自然生态建设作为新农村建设的根本出发点，统筹规划城乡布局。包括：①加强生态环境建设；②加强生态环境保护；③加强生态环境治理。

第二，打造高效的经济生态。按照"一产接二连三"的总体思路，整合资源，多业联动，推动产业转型、经济转型、社会转型，建立具有生态系统特征的经济发展模式，全面增强县域可持续发展能力。包括：①加快发展以健康休闲为主的绿色产业；②大力发展生态工业经济；③促进三次产业的深度融合。

第三，倡导开放的文化生态。文化是宁国市美丽和谐乡村的灵魂，是真正的魅力所在。新农村建设中特别注重充分挖掘、利用和开发移民文化，传承、弘扬民间文化，培育、拓展乡土文化，不断满足农民的精神文化需求，提升新农村建设的软实力。包括：①积极整合多元文化元素；②打造以生态文化为主题的多元化乡村；③提高广大市民的人文素质。

第四，强化协同的政治生态。着力营造干部群众干事创业的良好氛围。以远谋近施的发展愿景鼓舞人，以不拘一格的用人理念吸纳人，以科学发展的绩效考核机制激励人，以协作共事的工作氛围感染人，以科学民主的决策程序信服人，真正让科学发展的战略思路和决策部署成为广大农村干部和全体农民的普遍共识，形成共力共为的政治生态和强大合力。

第五，营造和谐的社会生态。宁国市新农村建设模式的一个重要亮点是重视民生和社会和谐。立足于提升农民的幸福指数，将新农村建设与统筹城乡发展紧密结合，切实保障和改善民生，不断增进民生福祉，努力建设更加美丽、更加和谐、更加幸福的现代新农村。主要做法有：一是以农民生活更加富裕为工作着力点，努力提高农民收入。二是以充分尊重广大群众意愿为基本立足点，形成"政府主导，农民主体，部门帮扶，社会参与"的新农村建设机制。三是持续加大保障和改善民生力度，提高民生福祉。

2.2.5　安吉县

安吉是浙江省湖州市下辖县，位于长三角腹地。2008年以来，该县以"绿水青山就是金山银山"为指引，开始实施以"中国美丽乡村"建设为载体的生态文明建设，探索走出一条"生态美、产业兴、百姓富"的可持续发展之路。安吉县从5个方面着力开展生态文明建设，取得了明显成效。

第一，明确框架，完善实施体系。按照"立足县域抓提升、着眼全省建试点、面向全国做示范"的基本定位，探索形成了美丽乡村建设的整体架构体系。

（1）明确四项目标，即村村优美、家家创业、处处和谐、人人幸福，建成"环境优美、生活富美、社会和美"的现代化新农村样板，探索形成全国新农村建设的"安吉模式"，确保全国第一，力争全国唯一。

（2）坚持四美原则。一是尊重自然美，二是侧重现代美，三是注重个性美，四是构建整体美。

（3）实施四大工程。一是环境提升工程，二是产业提升工程，三是素质提升工程，四是服务提升工程。

第二，健全组织，落实推进机制。成立建设"中国美丽乡村"工作领导小组及办公室，领导小组下设环境提升、产业提升、服务提升和素质提升四大工程组，分别由县分管领导牵头。聘请省市有关专家担任建设"中国美丽乡村"顾问，成立建设"中国美丽乡村"专家指导组。加强工作督查和考核，出台乡镇、部门工作考核办法，使各项建设工作的目标具体化和责任化。

第三，规划在先，明晰目标任务。全县分别对县、乡镇、村创建"中国美丽乡村"进行三级专项规划，坚持以规划为引领，将其他各类专项规划有机纳入美丽乡村建设整体规划，明确了发展目标和创建任务。

第四，落实政策，激励内在动力。大力整合支农项目，使各类建设项目和资金优先安排于实施"中国美丽乡村"建设的乡村。

第五，合作共建，形成浓厚氛围。召开推进建设"中国美丽乡村"万人动员大会，各创建乡镇、村和重点职能部门精心设计工作载体，积极筹办"中国美丽乡村"论坛、实施"美丽乡村文化繁荣"工程。

2.2.6　中新天津生态城

中新天津生态城是中国和新加坡基于国家层面的重要合作项目，是第一个国家间合作开发建设的生态城，目标是建立和谐、高效、健康、安全、活力、文明的，具有示范性的国际生态新城。其生态文明建设的主要做法概括为 8 个方面。

第一，建设安全健康的生态环境。中新天津生态城提出三项生态规划策略：落实区域生态系统控制要求、加强与区域生态系统的沟通和构建多样湿地生态系统，还提出了生态环境修复与重建规划，针对生态城所处区域的生态本底条件和破坏状况，启动蓟运河、蓟运河河道及污染水库的治理，通过水系连通，加强水体循环，提高水环境系统的完整性。采用生物技术对盐碱化土地进行治理，降低土壤盐碱度和修复湿地和植被，加强滨海滩涂生态保护。

第二，建设宜居生态的社区模式。中新天津生态城在社区规划建设方面，生态城社区建立了适应生态城内在要求的生态化的三级居住体系，生态城居住社区建立基层社区（即"细胞"）—居住社区（即"邻里"）—综合片区三级体系。居住用地内绿地率不低于 40%，政策性住房不低于 20%。结合城市中心构建全方位、多层次、功能完善的公共服务体系，保证居民在 500 m 之内获得各类日常服务。

第三，加强文化建设。中新天津生态城总体规划中强调尊重历史文化传承和生态文化建设。保护文物古迹，规划还对村庄保护与更新、历史特色文化空间建设和其他传统文化资源保护；建设国内外一流的大学；通过举办生态主题的大型文化活动、论坛、博览会，提高生态城在国际上的知名度和影响力，刺激地区经济的发展，增强生态城的城市竞争力与城市活力；发展文化产业。

第四，循环低碳的产业体系。重点发展节能环保、科技研发、总部经济、服务外包、文化创意、教育培训、会展旅游等现代服务业，努力构建低投入、高产出、低消耗、少排放、能循环、可持续的产业体系，形成"一带三园四心"的产业布局。中新天津生态城规划确定的主导产业之一就是"生态环保科技研发转化产业"，坚持把自主创新作为转变发展方式的中心环节，积极开发和推广节能减排、节约替代、资源循环利用、生态修复和污染治理等先进适用技术；依托高校和科研院所，建立产学研合作的创新模式，发展生态环保教育产业，增强创新能力。

第五，规划社会事业结构。中新天津生态城的可持续发展以规划建立高效社会事业为内在保障，促进各项社会事业均衡发展。完善现代教育体系，均衡基础教育，推动高等教育，大力发展生态环保等方面的职业教育；完善公共卫生和公共体育服务体系；完善社会保障体系。

第六，打造方便快捷的绿色交通。中新天津生态城以绿色公共交通系统为主要结构的交通模式，鼓励居民减少小汽车等交通工具在生活中的使用，以实现降低能耗、减少污染、提高整个城区的人居生活品质。大大降低城市交通系统运行中的废弃排放，减少交通设施建设对土地的占用，保证交通枢纽的畅通和建立在城区内满足各公交站点以 500 m 为服务半径对周边区域完全覆盖，并保证慢行系统与公交线路达到无缝衔接。

第七，强调水系统规划。针对该地区水资源匮乏，严重污染的土地盐碱性等问题，水系统规划是中新天津生态城规划中很重要的一个环节。因此，中新天津生态城实施了完善的水系统策略；通过节水措施，降低人均水耗；合理利用各种水资源，推广雨水、再生水和海水淡化水等非常规水资源的利用，通过分质供水和梯级水循环利用，实现水资源的高效、集约利用；提高中新天津生态城供水管理水平，构建城市供水保障体系。采用多水源联网的形式，确保城市供水水量安全；建立完善的水质监测和应急处理系统，确保城市供应水安全；另外，全面启动蓟运河、蓟运河故道、水库污水及底泥的环境综合治理。

第八，完善能源利用系统。中新天津生态城能源系统建设以减少能源需求，优化能源结构，提高能源利用率，积极发展新能源的替代能源，构建安全、高效、可持续的能源供应体系为原则。在城市建筑、交通、市政公共设施、城市居民生活等方面具体规划了节能措施。对于新能源和可再生能源的利用方面，具体规划发展热电厂余热和热泵技术利用，太阳能、风能、地热能的利用，沼气发电和道路能源系统体系。

2.2.7　武夷山市

武夷山市位于福建省西北部，资源环境条件相对较好，是世界文化与自然双遗产地之一，该市在生态文明建设中特别注重以下 3 个方面。

第一，注重加大生态文明建设投入，强化自然生态环境保护整治。主要是加大生态环保设施的建设力度，开展重点流域水环境全面整治，着力抓好生态公益林建设。

第二，注重实现城市建设、现代服务业、现代工业互相协调、相互促进。主要是推进城市建设管理，加快编制城市详细规划，认真做好配套规划，做大做强绿色产业，建设度假区旅游客运集散中心。

第三，注重加强生态文明建设文化、科技和教育支撑，培育生态文化。突出体现武夷山市国家级风景名胜区、旅游度假区、朱子文化发祥地的特色。在生态文化建设层面，重点推进以朱子文化为中心的生态文化建设。生态文化作为一种社会文化现象，摒弃了人类自我中心思想，按照尊重自然、人与自然相和谐的要求赋予文化以生态建设的含义。一切文化活动包括指导我们进行生态文明建设的一切思想、方法、组织、规划等意识和行为都必须符合生态文明建设的要求。

2.2.8　福建省

福建省是我国南方地区重要的生态屏障，生态文明建设基础较好，是国务院支持的实施生态省战略、加快生态文明先行示范区之一。福建省生态文明建设主要做法概括为 6 个方面。

第一，重视优化国土空间开发格局。加快落实主体功能区规划。健全省域空间规划体系，划定生产、生活、生态空间开发管制界限，落实用途管制。沿海城市群等重点开发区域加快推进新型工业化、城镇化，促进要素、产业和人口集聚，支持闽江口金三角经济圈建设。闽西北等农产品主产区要因地制宜发展特色生态产业，提高农业可持续发展能力。重点生态功能区要积极开展生态保护与修复，实施有效保护。坚持陆海统筹，合理开发利用岸线、海域、海岛等资源，保护海洋生态环境，支持海峡蓝色经济试验区建设。

第二，重视加快推进产业转型升级。着力构建现代产业体系。全面落实国家产业政策，严控高耗能、高排放项目建设。推进电子信息、装备制造、石油化工等主导产业向高端、绿色方向发展，加快发展节能环保等战略性新兴产业。积极发展现代种业、生态农业和设施农业。推动远洋渔业发展，推广生态养殖，建设一批海洋牧场。发展壮大林产业，推进商品林基地建设，积极发展特色经济林、林下种养殖业、森林旅游等产业。加快发展现代物流、旅游、文化、金融等服务业。

调整优化能源结构。稳步推进宁德、福清等核电项目建设。加快仙游、厦门等抽水蓄能电站建设。有序推进莆田平海湾、漳浦六鳌、宁德霞浦等海上风电场建设。积极发展太阳能、地热能、生物质能等非化石能源，推广应用分布式能源系统。加快天然气基础设施建设。

强化科技支撑。完善技术创新体系，加强重点实验室、工程技术（研究）中心建设，开展高效节能电机、烟气脱硫脱硝、有机废气净化等关键技术攻关。健全科技成果转化机制，促进节能环保、循环经济等先进技术的推广应用。

第三，重视促进能源资源节约。深入推进节能降耗。全面实施能耗强度、碳排放强度和能源消费总量控制，建立煤炭消费总量控制制度，强化目标责任考核。突出抓好重点领域节能，实施节能重点工程，推广高效节能低碳技术和产品。开展重点用能单位节能低碳行动和能效对标活动，实施能效"领跑者"制度。

合理开发与节约利用水资源。严格实行用水总量控制，统筹生产、生活、生态用水，大力推广节水技术和产品，强化水资源保护。科学规划建设一批跨区域、跨流域水资源配置工程，研究推进宁德上白石、罗源霍口等大中型水库建设。

节约集约利用土地资源。严守耕地保护红线，从严控制建设用地。严格执行工业用地招拍挂制度，探索工业用地租赁制。适度开发利用低丘缓坡地，积极稳妥推进农村土地整治试点和旧城镇旧村庄旧厂房、低效用地等二次开发利用，清理处置闲置土地。鼓励和规范城镇地下空间开发利用。

积极推进循环经济发展。加快构建覆盖全社会的资源循环利用体系，提高资源产出率。加强产业园区循环化改造，实现产业废物交换利用、能量梯级利用、废水循环利用和污染物集中处理。大力推行清洁生产。加快再生资源回收体系建设，支持福州、厦门、泉州等城市矿产示范基地建设。推进工业固体废弃物、建筑废弃物、农林废弃物、餐厨垃圾等资源化利用。支持绿色矿山建设。

第四，重视加大生态建设和环境保护力度。加强生态保护和修复。划定生态保护红线，强化对重点生态功能区和生态环境敏感区域、生态脆弱区域的有效保护。加强森林抚育，持续推进城市、村镇、交通干线两侧、主要江河干支流及水库周围等区域的造林绿化，优化树种、林分结构，提升森林生态功能。加强自然保护区建设和湿地保护，维护生物多样性。支持以小流域、坡耕地、崩岗为重点的水土流失治理。推进矿山生态环境恢复治理。实施沿海岸线整治与生态景观恢复。完善防灾减灾体系，提高适应气候变化能力。

突出抓好重点污染物防治。深入开展水环境综合整治和近岸海域环境整治，抓好畜禽养殖业等农业面源污染防治，推进重点行业废水深度治理，完善城乡污水处理设施。加大大气污染综合治理力度，实施清洁能源替代，加快重点行业脱硫、脱硝和除尘设施建设，强化机动车尾气治理，进一步提高城市环境空气质量。加快生活垃圾、危险废物、放射性废物等处理处置设施建设。加强铅、铬等重金属污染防治和土壤污染治理。

加强环境保护监管。严格执行环境影响评价和污染物排放许可制度，实施污染物排放总量控制。加快重点污染源在线监测装置建设，完善环境监测网络。加强危险化学品、核设施和放射源安全监管，强化环境风险预警和防控。严格海洋倾废、船舶排污监管。全面推行环境信息公开，完善举报制度，强化社会监督。

第五，重视提升生态文明建设能力和水平。建立健全生态文明管理体系。加强基层生态文明管理能力建设，重点推进资源节约和环境保护领域执法队伍建设。推进能源、温室气体排放、森林碳汇等统计核算能力建设，支持开展资源产出率统计试点。

推进生态文化建设。将生态文明内容纳入国民教育体系和干部培训机构教学计划，推进生态文明宣传教育示范基地建设。依托森林文化、海洋文化、茶文化等，创作一批优秀生态文化作品。开展世界地球日、环境日以及全国节能宣传周、低碳日等主题宣传活动，倡导文明、绿色的生活方式和消费模式，引导全社会参与生态文明建设，打造"清新福建"品牌。

开展两岸生态环境保护交流合作。推动建立闽台生态科技交流与产业合作机制，推进节能环保、新能源等新兴产业对接。鼓励和支持台商扩大绿色经济投资。协同开展增殖放流等活动，共同养护海峡水生生物资源。加强台湾海峡海洋环境监测，推进海洋环境及重大灾害监测数据资源共享。

第六，重视加强生态文明制度建设。健全评价考核体系。完善经济社会评价体系和考核体系，根据主体功能定位实行差别化的评价考核制度，提高资源消耗、环境损害、生态效益等指标权重。对禁止开发区域，实行领导干部考核生态环境保护"一票否决"制；对限制开发区域，取消地区生产总值考核。实行领导干部生态环境损害责任终身追究制。

完善资源环境保护与管理制度。加快建立国土空间开发保护制度和生态保护红线管控制度，建立资源环境承载能力监测预警机制。完善耕地保护、节约集约用地等制度。完善水资源总量控制、用水效率控制、水功能区限制纳污等制度。建立陆海统筹的生态系统保护修复和污染防治区域联动机制。健全环境保护目标责任制。建立生态环境损害赔偿制度、企业环境行为信用评价制度。

建立健全资源有偿使用和生态补偿机制。健全对限制开发、禁止开发区域的生态保护财力支持机制。建立有效调节工业用地和居住用地合理比价机制。完善流域、森林生态补偿机制，研究建立湿地、海洋、水土保持等生态补偿机制。完善海域、岸线和无居民海岛有偿使用制度。积极开展节能量、排污权、水权交易试点，探索开展碳排放权交易，推行环境污染第三方治理。完善用电、用水、用气阶梯价格制度，健全污水、垃圾处理和排污收费制度。

国内部分地区生态文明建设主要做法及比较，见表 2-5。

表 2-5 国内部分地区生态文明建设主要做法

地区	主要做法
厦门市	着眼于社会自然生态一体化，树立生态城市建设理念；坚持以制度保障为先，积极构建生态城市治理结构；积极调整产业结构，大力发展生态经济；通过资源集约化利用来拓展城市发展空间；自觉进行生态修复，实现生态与人居环境和谐；主动开展区域综合整治，勇于承担生态共同责任；以人为本，推动公众参与群众性的生态文明创建活动

续表

地区	主要做法
贵阳市	以经济实力进一步增强、结构更趋合理、生态效应更加显现、民生改善更加扎实，人民更加安居乐业为主旨，建立和确立生态文明城市目标体系。从生态经济、生态环境、民生改善、基础设施、生态文化、高效廉洁6个方面，优选设置了32项指标，反映贵阳市建设生态文明城市的状况及动态
杭州市	注重凸显地域特色；注重建设的阶段性；注重生态示范创建
宁国市	构筑相融的自然生态；打造高效的经济生态；倡导开放的文化生态；强化协同的政治生态；营造和谐的社会生态
安吉县	按照"立足县域抓提升、着眼全省建试点、面向全国做示范"的基本定位，探索形成美丽乡村建设的整体架构体系；健全组织，落实推进机制；规划在先，明晰目标任务；落实政策，激励内在动力；合作共建，形成浓厚氛围
中新天津生态城	建设安全健康的生态环境；建设宜居生态的社区模式；加强文化建设和循环低碳的产业体系建设；规划社会事业结构；打造方便快捷的绿色交通；强调水系统规划；完善能源利用系统
武夷山市	加大生态文明建设投入，强化自然生态环境保护整治；实现城市建设、现代服务业、现代工业互相协调、相互促进；加强生态文明文化、科技和教育支撑，培育生态文化
福建省	第一，重视加快落实主体功能区规划，健全省域空间规划体系，划定生产、生活、生态空间开发管制界限，落实用途管制。第二，重视着力构建现代产业体系，调整优化能源结构，强化科技支撑。第三，重视深入推进节能降耗，合理开发与节约利用水资源，节约集约利用土地资源。第四，重视加大生态建设和环境保护力度，加强生态保护和修复，突出抓好重点污染物防治，加强环境保护监管。第五，重视建立健全生态文明管理体系，推进生态文化建设，开展两岸生态环境保护交流合作。第六，重视健全评价考核体系，完善资源环境保护与管理制度，建立健全资源有偿使用和生态补偿机制

2.3 经验总结与启示

生态文明建设的理论研究和实践探索是一项贯穿于人类社会发展的长期工程，与经济社会发展息息相关、相辅相成（廖福霖，2014）。国外尚未有生态文明的提法，与生态文明建设密切相关的内容多集中在空间规划、资源利用、环境保护、生态修复、公众参与、法律法规建设等方面，重视从自然资源特别是能源的节约集约利用、降低温室气体排放、废弃物循环利用、资源环境制度与法规建设等视角进行理论研究和实践探索。相比而言，国内关于生态文明建设的实践探索案例则比较具体化，特别关注产业结构调整、政策设计、制度体系建设、生态创建等方面，突出表现在生态城、美丽乡村、区域规划中，对洱海流域的借鉴意义更为明显。

由于洱海流域行政级别较低，辖区面积不大，技术能力有限、制度建设特别是立法方面受到诸多限制，将国外经验完全照搬过来是不可行的，但相关的思想、理念与做法对流域一些具体的生态文明建设举措设计有重要的借鉴和启示，主要的经验可归结为 6 条（表 2-6）。

表 2-6　生态文明建设主要启示

序号	内容	功能
1	国土空间规划	基础工作
2	生态环境优化	核心内容
3	资源节约利用	基本手段
4	绿色低碳循环发展	基本导向
5	体制机制创新	重要保障
6	生态理念培育	重要依托

1. 将国土空间规划作为生态文明建设的基础工作

国外国土空间规划有着明确的区域规划的目标和重点，注重规划编制主体的多样化和公众参与，有着健全与完善的区域规划运作体系，不断创新区域规划的合作与协调机制，并且不断完善区域规划的法律和政策，从而保障国土空间规划的实施。国内国土空间规划分阶段、分区域实施循序渐进地进行，合理统筹生产、生活、生态空间，注重区域之间协调平衡。

结合洱海流域的区情，优化流域国土空间格局，要根据流域不同区域的特点和发展方向，进行主体功能区规划；健全与完善区域规划运作体系；不断创新区域规划的协调与合作机制，协调国土开发与建设、区域基础设施配置等重要内容，综合地对资源进行合理配置；完善区域规划的法律与政策，保障国土开发的有序进行；促进规划编制主体的广泛参与，使社会公众更大限度地参与到国土空间规划。

2. 将生态环境优化作为生态文明建设的核心内容

由于国外较早经历生态危机和环境污染，环境保护事业起步较早，在大量的实践中积累了丰富的经验。国外都高度重视科技在环境保护中的作用，同时注重培育公众的环保意识，形成良好的风气和生活习惯，而且有利于环境保护的基础设施齐全，无不体现出"人地和谐"的理念。国内的生态环境保护主要体现在国家和地区的环境保护政策、法规、规划中，同时也依托公众的环保意识的提高，只有人人参与，生态环保才能焕发生命力。

洱海流域生态环境保护要从立法、执法、环境治理、环境教育等方面入手，健全环境立法体系，提高环境违法成本，减少环境破坏行为；完善环保执行机构，不断创新执行机制，形成各级政府的联动体系，协调环保执行；形成政府、企业、公民"三体联动、官民并举，共同参与"的环境治理格局；加大对环保的投入力度，创新环境治理方法，进行生态修复；注重环保教育，根植环保理念，加强环保宣传；鼓励参与民间环保组织，规定其权利与义务，以更好在环保事业中做贡献。

3. 将资源节约利用作为生态文明建设的基本手段

国外资源节约利用和保护主要是从法律、执法、体制机制创新和思想观念方面着手。不断完善资源保护的法律法规；严格的执法机制和区域利益协调机制；注重环保教育及鼓励低碳、健康生活方式。国内则是通过加大技术投入提高资源利用率；促进产业绿色升级转型；发展清洁新能源；优化能源结构来实现资源节约利用。

洱海流域要实现资源节约利用，必须转变经济发展方式，调整产业结构，走集约化发展道路；加大政策引导和资金支持力度，鼓励行业骨干龙头企业与高等院校和科研院所合作，建设一批各具特色的产学研一体化平台；继续组织实施资源节约与综合利用专项，创新工作思路，建设一些资源综合利用示范基地，在关键领域和重点地区取得突破性整体进展；要健全和完善资源开发利用的地方性标准规范体系，加强资源开采总量控制和管理，促进资源节约。

4. 将绿色低碳循环发展作为转型发展的基本导向

国外较早享有工业文明的成果，传统的产业结构造成了极大的资源能源浪费、环境污染和生态破坏，中国也正在经历这种工业化发展历程。为了扭转这种局面，国内外都进行了积极的探索，加快产业转型，实现绿色发展，注重科技推动力，积极发展低碳产业、循环产业等新兴产业模式。

洱海流域要发展低碳、循环、绿色经济，首先需要政府部门牵头主管能源，制定适合流域区情的能源发展战略，以在战略高度上支持产业转型；要以长远战略眼光构建新一代能源体系，调整能源结构，发展新能源和能源新技术；抓紧研究和出台有利于低碳经济发展的财税金融政策，需要政府部门、相关企业和金融机构共同努力；大力发展低碳技术，推广低碳产品，控制污染排放；最后，应该尽快建立"碳足迹"标示制度，引导"斤斤计碳"的消费方式，倡导全社会"合理物质消费"的生活方式。

5. 将体制机制创新作为生态文明建设的重要保障

健全的体制机制是生态文明建设的制度保障，国内外在生态环境保护中都高度重视体制机制建设的作用，积极探索，勇于创新，生态文明体制机制不断体系化、系统化。

洱海流域要充分发挥体制机制在生态文明建设中的保障作用，首先就应该从单一的生态环境保护制度拓展到生态经济、政治、文化、社会等制度，使制度更加全面和完善；其次，制度设计趋向精细化、严密化，通过细化配套政策提高操作性，综合运用财政、税收、金融、土地等手段，提高制度的协同性；然后，通过转变政府职能、机构设置，到挖掘市场力量，再到培育社会力量，探索社会多方参与生态文明制度建设的路径；最后，逐步实现人治向法治的转变，不断提高组织执行力。

6. 将生态理念培育作为生态文明建设的重要依托

无论国内外，面对严重的生态危机，很多国家都提出生态环境保护理念。生态文明建设，理念先行。推进生态文明建设，需要形成良好的社会氛围。相比于国外，我国的环保教育起步较晚，公众的环保意识较弱，民间环保组织发展也比较缓慢，但是通过努力，国内的环保理念正逐渐深入人心，为生态文明建设营造良好的氛围。

　　洱海流域要发挥生态文明理念在生态文明建设中的引导作用，要培育践行社会主义核心价值观，传播生态文化理念，传承民族优秀生态文化，促进生态文化道德养成，要按从点到面、从意识到行动、从区域到企业全方位推进的思路，加快生态文明制度的社会环境建设。因此，洱海流域政府要不断加强生态文明宣传，确保人人参与建设。要注重结合实际、全面推进理论研究工作；把握正确导向，着力营造良好舆论氛围；强化发展意识，积极构建对外宣传格局；提高居民素质，推进精神文明建设；加强生态文明教育，改变传统的生产、生活方式。

第 3 章   洱海流域生态文明现状评估

洱海流域位于我国西南边陲，地处滇中高原与滇西谷地结合部，横断山脉南端，地理坐标为东经 100° 05′ ～100° 17′、北纬 25° 36′ ～25° 58′，总面积约 2 565 km²。流域地势西高东低、北高南低，洱海—罗时江以西为横断山区、以东属滇中高原区，平均海拔约 3 000 m。流域内的主要水体洱海，是云南省第二大高原淡水湖泊和大理市主要饮用水源地，也是苍山洱海国家级自然保护区和风景名胜区的核心组成部分，其来水主要为降水和融雪，多年平均净入湖水量约 7.309 亿 m³，唯一的天然出湖河流为西洱河，全长约 23 km，至漾濞平坡入黑惠江流向澜沧江。在行政上，洱海流域地跨大理市和洱源县两个市县，辖有 15 个乡镇和 2 个区合计 167 个行政村。其中大理市辖 8 镇、1 乡、2 区，包括下关镇、喜洲镇、海东镇、挖色镇、湾桥镇、银桥镇、双廊镇、上关镇、太邑彝族乡和大理旅游度假区（含大理镇）、大理创新工业园区（含凤仪镇）；洱源县 6 个乡镇，包括茈碧湖镇、邓川镇、右所镇、三营镇、凤羽镇和牛街乡。

为推进开展生态文明建设，在生态文明指引下推进洱海水污染治理，需要对流域当前的生态文明现状进行合理评价。评价指标和评价方法必须按照科学发展观的要求，符合流域发展的阶段性特征，并与全面建设小康社会和现代化建设相适应，充分体现定性与定量相结合、现状与进度相结合、功能与贡献相结合等原则，以更好地发挥生态文明评价在用水、管水、治水等方面的引导、督促、激励和约束作用。

3.1   建 设 基 础

1. 生态基底禀赋较好

洱海流域地处青藏高原与云贵高原两大地质构造单元的结合部，有高原湖盆、河谷、低山、中山、高山等多样化地貌类型。流域森林覆盖率近

50%，拥有国家级自然保护区 1 处、国家级风景名胜区 1 处、国家地质公园 1 处、国家湿地公园 1 处。植物区系复杂、种类繁多，生物多样性丰富，是我国西南生态安全屏障和川滇生物多样性保护重点生态功能区的重要组成部分。流域总体上属低纬高原亚热带季风气候，干湿分明，气候温和，日照充足，拥有丰富的风能、太阳能、地热能、生物质能等多种绿色、清洁能源资源。洱海流域分布有弥苴河、永安江、罗时江、波罗江、西洱河及苍山十八溪等大小河溪 117 条，自南而北分布有洱海、西湖、茈碧湖、海西海 4 个较大湖泊。其中，洱海为云南省第二大高原淡水湖，是苍山洱海国家级自然保护区和风景名胜区的核心景观。

2. 洱海保护卓有成效

洱海是流域的主要受水体，其环境质量在很大程度上体现了流域环境质量，改善洱海湖泊水体质量是流域环境综合治理基本目标之一。多年来，大理白族自治州、大理市、洱源县一直积极开展洱海保护工作。洱海保护被纳入国家"十一五"和"十二五"重大科技专项项目，2008 年相关工作经验被环境保护部概括为"循法自然、科学规划、全面控源、行政问责、全民参与"20 字经验，向全国推广。洱海湖泊水质已有了明显改善，成为全国城市近郊保护最好的湖泊之一，也是全国湖泊生态环境保护试点之一，围绕洱海保护已制定一系列政策、法规和制度。例如，利用民族自治地区立法权制定了《云南省大理白族自治州洱海保护管理条例》《云南省大理白族自治州湿地保护条例》《云南省大理白族自治州苍山保护管理条例》《云南省大理白族自治州大理风景名胜区管理条例》《云南省大理白族自治州洱海海西保护条例》等多项法规，编制完成《云南大理洱海绿色流域建设与水污染防治规划》(2009～2030 年)、《洱海流域生态建设和水污染防治"十三五"规划》等一系列规划、方案，围绕洱海保护初步形成了较为完善的规划保护体系。

3. 生态观念深入人心

千百年来，洱海流域各族人民尊崇"天人合一、敬畏自然"的生态价值观，"洱海清、大理兴""绿水青山就是金山银山"的生态文明观念深入人心。近年来，在大理白族自治州人民政府统一部署下，流域各级政府部门组织开展了生态县、生态乡镇、绿色学校、绿色社区等生态示范创建工作，编制完成大理市、洱源县的生态县（市）建设规划。洱源县被列为全国生态文明试点县，并荣获"全国首批绿色能源示范县"称号；大理市获评"杰出绿色生态城市"和"世界生态名城"；大理镇被评为"国家级生态乡镇"，下关镇、邓川镇等被评为"省级生态文明乡镇"；另有省级绿色学校、省级绿色社区、绿色教育基地多个。居民生态文明意识水平相对较高，为生态文明建设奠定了坚实的思想基础。推进了整个流域的生态文明建设实践。

4. 经济实力显著增长

"十一五"以来，洱海流域经济保持快速增长态势。2005～2015年，流域两市县合计完成地区生产总值由108.25亿元增加到388.06亿元、年均增长13.62%，人均GDP由12 428元增加到42 495元、年均增长13.08%，两个增速均高于同期大理白族自治州和云南省平均水平。产业结构持续发生变化，2005～2015年流域两市县第一产业占比减少3.25个百分点，第二和第三产业分别增加2.8个百分点和0.45个百分点，高新技术产业、绿色循环产业和现代服务业逐步发展壮大。总体上看，以种植业和畜牧养殖业为主导的农业是流域发展的基础产业，其中种植业以粮食作物和经济作物为主。第二产业发展较快，烟草行业一枝独秀，其增加值在工业总增加值中的占比较高，交通运输设备行业（主要是汽车和拖拉机制造）的销售收入大幅增长，成为流域工业领域的龙头产业。以推动和加快生产方式转变为目标，流域逐步淘汰传统的相对低端的制造业、简单农产品加工业和初级矿业采掘业等生产方式，积极构建依托于高新技术的低消耗、高附加值的现代化生产方式。同时，依托良好的生态基底和多年的管理实践，初步建立较为完善的资源利用管理规范和制度体系。

5. 良好机遇千载难逢

1）契合国家宏观政策导向

党的十八大报告把生态文明作为五个总体布局之一进行建设，同时提出将加快实施主体功能区战略作为优化国土空间开发格局和生态文明建设的重要支撑，党的十九大全面阐释了加快生态文明体制改革，推进绿色发展，建设美丽中国的战略布署，为洱海流域生态文明建设提供了坚实的理论指导和建设方向，生态文明建设符合国家宏观战略需求。同时，2011年国家出台《国务院关于支持云南省加快建设面向西南开放重要桥头堡的意见》，加快推进云南省桥头堡战略建设。作为该战略的重要支点和面向西南开放的重要门户，洱海流域生态文明建设面临着良好的发展机遇。

2）符合云南省生态立省战略

云南省委、省人民政府确立生态立省、环境优先的发展战略，加快森林云南建设，先后实施了七彩云南保护行动计划和滇西北生物多样性保护行动计划，陡坡地生态治理工程、生物多样性保护工程、城乡绿化工程、防护林建设工程、天然林保护工程、中低产林改造工程、石漠化治理工程、农村能源建设工程8大生态工程，努力把云南省建设成为我国重要的生物多样性宝库和西南生态安全屏障。洱海流域是云南省建设国家西南生态安全屏障的重要板块，生态立省战略实施为流域生态文明建设提供了优越的背景支撑条件。同时，云南省主体功能区规划的编制、滇西城市群建设、大理白族自治州生态州建设、《大理白族自治州主体功能区和生态文明建设规划》的编制，以及2014年国家论证通过《云南省生态文明先行示范区建设实施方案》等，均为洱海流域生态文明建设提供了坚实的外部支撑。

3）呼应优越的外部支撑环境

"十一五"以来，围绕洱海水环境保护，国内外众多学术团体和知名学者纷至沓来，水污染治理技术异彩纷呈、水污染防治工程如火如荼，洱海已经成为国内湖泊水污染治理试验区和水环境保护示范区。在国家重大科技专项洱海项目支持下，洱海流域水污染防治已提炼形成了"系统控源-清水产流机制与入湖河流治理-水体生境修复-流域管理与生态文明构建"系统技术体系。"循法自然、科学规划、全面控源、行政问责、全民参与"的洱海环保模式在全国大面积推广，成为全国湖泊保护和水污染治理的一面旗帜。相关经验受到国内外的高度关注。2010年，大理白族自治州成功举办了洱海流域低碳经济发展国际论坛，多家媒体长篇幅报道了洱海流域生态环境保护经验。良好的环境保护形象为洱海流域生态文明建设营造了优越的外部舆论环境。

3.2 主要问题

1. 生态系统退化趋势比较明显

生态系统是指在一定的空间和时间范围内，在各种生物之间，以及生物群落与其无机环境之间，通过能量流动和物质循环而相互作用的一个统一整体。生态系统退化是指在自然因素和人为干扰驱动下逐渐演变为另一种低水平状态的逆向演替过程（沈满洪 等，2014）。多年以来，包括人口增长、工业化、城镇化在内的人为因素叠加在自然因素之上，对洱海流域生态退化起着加速和主导的作用，形势比较严峻，主要表现为森林破坏、湿地萎缩、水土流失、气象灾害、生物多样性降低等。

特别是，苍山保护区是流域自然生态系统与环境平衡的调节区，是洱海水体的主要补给区。近年来，随着人口增加、牲畜业发展及当地群众生产、生活方式等诸多现实条件的限制，苍山生态破坏较为严重。一是十八溪截流严重，造成洱海来水减少；二是非法挖采大理石现象突出，造成东坡部分区域中高山生态脆弱，植被、景观破坏严重；三是花甸坝放牧过度、乱砍滥伐林木、乱采滥挖野生植物，破坏自然植被；四是苍山周围的广大群众及进入苍山的游客，由于环境保护意识不强，存在不同程度的破坏生态的行为。

2. 生活方式对环境的影响较大

生活方式是指人类消费物质资料的方式，包括物质生活、文化生活和精神生活。

为了满足生存和发展的需要，人们进行物质、文化、精神消费，而物质资料的消费会带来资源的减少、污染的产生，因此洱海流域居民的生活行为对资源环境会产生较大的影响。科学规范流域居民生活方式是生态文明建设总工程中的重要环节之一。首先，消费主义意识不仅导致流域宝贵的自然资源不断减少，而且产生大量的废弃物和环境污染。其次，居民不理性的生活方式也可能产生众多的环境问题，比如高碳的出行方式和食物结构，是流域环境问题产生的重要原因。最后，流域居民对生活废弃物的不当处理可能加大环境保护的难度。部分居民在日常生活中存在垃圾随意丢弃、污水随意泼洒等不良现象。低碳、绿色、环保、节约的消费风气尚未完全形成，不利于生态环境保护。

3. 生态文明理念人群差异较大

生态文明理念是指以马克思主义为指导的，关于人类如何正确地认识人与自然的关系，并对如何与自然界保持一种和谐共生关系的根本观点和看法，是建设生态文明的思想基础和强大动力。先进的生态文明理念必将成为推动流域建成社会主义生态文明社会的强大内生力和驱动力。其中，"尊重自然、顺应自然、保护自然"是社会主义特色生态文明理念的核心内容。

虽然洱海流域城乡居民的整体的生态文明理念相对较高，但存在巨大的人群差异，部分群众的生态环境认知度不高、生态道德意识薄弱、生态文明建设参与度较低、生态消费意识淡薄等。尤其是广大农村地区，农村居民的生态文明意识相比于城镇居民更加薄弱。一是农村经济发展水平较为落后，农民更加关注生存发展问题，对环境破坏的负面影响关注少，环境问题的认知度相对不高；二是农民教育文化水平相对较低，生态文明理念宣传教育工作在农村开展比较困难，农民的环境保护意识比较薄弱；三是农村地区的生态法制建设比较薄弱，农民对环境的责任感不强。

4. 绿色发展水平相对低下

绿色发展是在传统发展基础上的一种模式创新，是建立在生态环境容量和资源承载力的约束条件下，将环境保护作为实现可持续发展重要支柱的一种新型发展模式。经过几十年的努力，洱海流域当前已经扭转了以农业为主体、工业十分落后的局面，基本形成了以加工业、商业为主的产业结构。但总体上看，产业结构还不太合理，与生态环境容量和资源承载力不相适应，主要表现为：农业结构单一，布局不甚合理；工业产业组织结构落后，工业技术装备水平低；旅游业中排污企业的行业分布和地域分布不均匀；矿产资源种类较少，常规化石能源中缺煤、少气、乏油，只有少数几种矿产资源（如大理石、石灰石、铂、钯等），开发深度不够，矿区生态环境破坏严重；水资源比较丰富，但具有明显的季节性，雨季充盈，干季不足，空间分布不均衡，生产、生活用水节约程度不高；土地资源相对短缺，建设用地扩展占用了大量平坦耕地，工业用地集约程度不高，基本农田保护压力较大，等等。总体而言，洱海流域正处在工业化初期阶段，高投入、高能耗、低效率特征明显，自然资源对国民经济社会发展的约束作用日趋强化。未来流域自然资源短缺将成为新常态，短缺类型不仅表现为数量的不足，而且综合表现为工程性、技术性、经济性、管理性全方位的短缺。

5. 经济地理格局相对失衡

国土空间是宝贵资源，是流域人民赖以生存和发展的家园。洱海全流域面积约 2 565 km²，地形起伏较大，地貌类型多样，地质灾害频繁，可供开发利用的空间有限。不同区域的资源环境禀赋差异较大，对人口、经济的承载能力存在较大不同。近几十年来，在沿循历史开发的基础上，在政策导向、经济利益等多种因素的驱动下，流域各地均进行了程度不等的开发。城镇化、工业化进程快速推进，各类建设用地面积快速扩展，生态用地与基本农田保护形势趋紧。能源和矿产资源的开发则造成较大的生态环境破坏，水资源的无序截留与粗放利用减少了洱海来水，等等。总体而言，当前流域空间总体开发方向不太明确、开发强度不够清晰、开发政策不尽完善，人口、经济、资源与环境的空间均衡态势尚未形成，开发中的失衡、失序问题比较突出。

6. 体制机制创新程度不高

体制是国家机关、企事业单位在机构设置、领导隶属关系和管理权限划分等方面的体系、制度、方法、形式等的总称，如学校体制、领导体制、政治体制等。机制原指机器的构造和运作原理，借指事物的内在工作方式，包括有关组成部分的相互关系及各种变化的相互联系，如市场机制、竞争机制、用人机制等。洱海流域在理顺行政管理体制，完善治海、管海机制，规范社会行动等方面做了大量工作，卓有成效，相关经验被推广向全国。但是，要从根本上解决影响和制约水体污染控制与治理的深层次矛盾和问题，当前的体制机制仍需要较大创新。当前存在的主要问题表现在三个方面：一是与国家和各级人民政府有关政策法规、文件规定的衔接、配套不够，国家和各级人民政府促进科学发展的大政方针、决策部署在流域层面的落实不到位；二是与流域实际情况契合不够；三是洱海治理方面的好做法、好经验尚未以制度的形式固定下来，没有形成科学发展的长效机制。

7. 洱海污染治理面临挑战

环境污染是指人类向自然环境中添加某种物质而超过其自净能力，使其要素或性状发生变化，扰乱和破坏环境系统的稳定性及人类正常生活条件的现象。20 世纪 90 年代以来，洱海水体的主要污染物含量总体呈现增加趋势，主要来源于流域污染物输入。随着城镇化、工业化的快速推进，人口激增、气候变化、来水减少、污染物积累日益增多等形势的变化，洱海湖泊保持 II 类水质的压力很大。洱海治理虽然取得了较大成效，但仍然存在突发污染和大面积爆发水华的可能性，相关的污染治理仍亟须加强。

3.3　现　状　评　价

3.3.1　指标体系构建

1. 构建原则

构建一套科学的指标体系是生态文明建设评价的逻辑前提，是关系评价结果可信度的关键因素（宓泽锋 等，2016；刘某承 等，2014）。制定洱海流域生态文明评价指标体系，必须按照科学发展观的要求，符合流域发展的阶段性特征，与全面建设小康社会和现代化建设相适应，充分体现定性与定量相结合、现状与进度相结合、功能与贡献相结合，更好地发挥引导、督促、激励和约束的作用。与其他评价指标体系构建类似，洱海流域生态文明建设评价指标体系构建也应遵循科学性、系统性、目标性、针对性、层次性、代表性、独立性、可操作性基本原则。

第一，科学性原则。生态文明建设评价指标体系的设计应基于生态文明相关理论，遵循生态环境和社会经济发展规律，能从不同角度和层次评价生态文明建设情况。

第二，系统性原则。生态文明建设是一个复杂的系统，是一个涉及政治、经济、文化、社会等各方面的系统工程。指标体系构建要坚持全局意识、从系统整体的角度出发，统筹考虑云南省、大理白族自治州提出的生态文明建设任务。

第三，目标性原则。生态文明建设评价是一个实践问题，应该按照其一般定义和内涵，结合流域具体情况，确立科学的发展目标，能够较好地指导实践过程。

第四，针对性原则。使指标既能反映生态文明建设的发展现状，又能凸显建设过程中关键因素，从而为生态文明建设管理提供参考依据。

第五，层次性原则。由于生态文明建设涵盖内容的多层次性，指标设置应按照指标间的层次递进关系，尽可能体现层次分明，通过一定的梯度，反映指标间的支配关系。

第六，代表性原则。既要尽可能地覆盖生态文明建设的各个方面，从多角度全面反映生态文明建设的整体情况，更要有所侧重，宜少不宜多、宜粗不宜细，尽量选择各个方面具有代表性、典型性的核心指标。

第七，独立性原则。指标体系中的各个指标有相互协同配合的关系，但各项入选指标因素之间至少在分析性质上应该相对独立，说明不同问题或问题的不同方面，避免互相包含和信息的重复。

第八，可操作性原则。指标设置应该充分考虑数据资料的可得性或可测性，不能片面地追求理论层次上的完美。侧重选择实际工作中已经开展，能够从统计和相关职能部门现有统计监测资料中取得数据，便于采集和计算、具有可操作性的指标进行评价。

2. 指标选择

洱海流域包含洱源县、大理市两个县市的部分区域，不是一个相对独立的行政单元，使得相关的统计资料获取比较困难，历史资料的积累比较薄弱。这里根据上述原则，遵循国家相关规划、法规等对生态文明建设的一般界定，对目前有关生态文明建设评价的研究报告、学术论文进行指标频度统计，从中选择使用频度较高的指标，然后综合考虑洱海流域生态文明建设的现状基础、存在的主要问题、面临的机遇和挑战等因素，并在专家咨询的基础上建立洱海流域生态文明建设的目标评价体系。

评价指标体系构建基本思路，见图3-1。

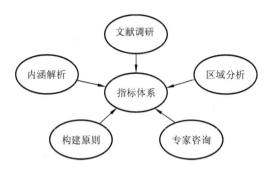

图 3-1　评价指标体系构建基本思路

　　构建的洱海流域生态文明建设评价指标体系如表 3-1 所示。该指标体系从构建科学合理的空间布局体系、自然秀美的生态环境体系、高效节约的资源利用体系、绿色低碳的产业发展体系、健康文明的生态文化体系、系统完整的制度保障体系 6 个方面出发，涵盖了国土空间、生态环境、资源利用、经济社会、生态文化、体制机制 6 项二级因子与 24 个三级指标。

表 3-1　评价指标体系

二级因子	三级指标	计算方法	指导属性
国土空间	人口地理分布	人口密度	负向
	经济地理分布	经济密度	正向
	空间开发强度	建设用地比重	正向
	空间聚集水平	城镇人口比重	正向
生态环境	生态环境基底	林草地面积比重	正向
	水体环境质量	湖泊水总氮含量	负向
	大气环境质量	空气质量优良率	正向
	土地环境质量	水土流失面积比	负向
资源利用	能源消耗强度	单位 GDP 能源消耗	负向
	农业用水效率	灌溉水有效利用率	正向
	工业用水效率	单位工业产值耗水	负向
	建设用地产出	单位建设用地产出	正向
经济社会	经济发展水平	人均地区生产总值	正向
	经济产业结构	第三产业产值比重	正向
	居民生活水平	城乡居民恩格尔系数	负向
	交通出行方式	每万人公共汽车数量	正向

续表

二级因子	三级指标	计算方法	指导属性
生态文化	生态理念传播	生态文明建设知晓率	正向
	国民教育水平	每万人在校大学生数	正向
	文化基地建设	特色文化建设认可度	正向
	日常行为规范	人均生活化学需氧量排放量	负向
体制机制	行政制度建设	生态建设纳入政绩考核认可度	正向
	市场制度建设	生态建设投资融资综合认可度	正向
	民主制度建设	生态建设信息公开水平认可度	正向
	法律制度建设	生态环境法规体系健全认可度	正向

第一，国土空间因子。包括人口地理分布、经济地理分布、空间开发强度、空间聚集水平4个三级指标，分别用人口密度、经济密度、建设用地比重、城镇人口比重这些具体可计算的指标表示。

第二，生态环境因子。包括生态环境基底、水体环境质量、大气环境质量、土地环境质量4个三级指标，分别用林草地面积比重、湖泊水总氮（total nitrogen，TN）含量、空气质量优良率、水土流失面积比这些具体可计算的指标表示。

第三，资源利用因子。包括能源消耗强度、农业用水效率、工业用水效率、建设用地产出4个三级指标，分别用单位GDP能源消耗、灌溉水有效利用率、单位工业产值耗水、单位建设用地产出这些具体可计算的指标表示。

第四，经济社会因子。包括经济发展水平、经济产业结构、居民生活水平、交通出行方式4个三级指标，分别用人均地区生产总值、第三产业产值比重、城乡居民恩格尔系数、每万人公共汽车数量这些具体可计算的指标表示。

第五，生态文化因子。包括生态理念传播、国民教育水平、文化基地建设、日常行为规范4个三级指标，分别用生态文明建设知晓率、每万人在校大学生数、特色文化建设满意度、人均生活化学需氧量（chemical oxygen demand，COD）排放量这些具体可计算的指标表示。

第六，体制机制因子。包括行政制度建设、市场制度建设、民主制度建设、法律制度建设 4 个三级指标，分别用生态建设纳入政绩考核认可度、生态建设投资融资综合认可度、生态建设信息公开水平认可度、生态环境法规体系健全认可度这些具体可计算的指标表示。

三级指标因子的计算方法见如下注释。

（1）人口密度：指流域内常住人口与土地总面积的比值，单位为人/平方公里，反映流域人口地理分布的疏密程度。

$$人口密度 = \frac{常住人口}{土地总面积}$$

（2）经济密度：指流域内地区生产总值与土地总面积的比值，单位为万元/平方公里，反映流域经济地理分布的疏密程度。

$$经济密度 = \frac{地区生产总值}{土地总面积}$$

（3）建设用地比重：指流域内城乡建设用地面积与土地总面积的比值，单位为%，反映流域空间开发强度。

$$建设用地比重 = \frac{城乡建设用地面积}{土地总面积} \times 100\%$$

（4）城镇人口比重：指流域内城镇常住人口与流域常住总人口的比值，单位为%，反映流域空间集聚水平。

$$城镇人口比重 = \frac{城镇常住人口}{流域常住总人口} \times 100\%$$

（5）林草地面积比重：指流域内林地、草地面积总和与土地总面积的比值，单位为%，反映流域生态环境基底状况。

$$林草地面积比重 = \frac{林地面积 + 草地面积}{土地总面积} \times 100\%$$

（6）湖泊水总氮含量：指洱海湖泊水体总氮的含量，单位为 mg/L，反映流域水体环境质量状况。计算资料来源于云南省生态环境科学研究院洱海研究中心。

（7）空气质量优良率：指流域内全年空气污染指数（air pollution index, API）达到二级和优于二级的天数占全年天数的比值，单位为%，反映流域大气环境质量状况。

$$空气质量优良率 = \frac{全年空气污染指数达到二级和优于二级的天数}{全年天数} \times 100\%$$

（8）水土流失面积比：指流域内中度及以上等级水土流失面积与土地总面积的比值，单位为%，反映流域土地生态环境质量状况。

$$水土流失面积比=\frac{中度及以上等级水土流失面积}{土地总面积}\times100\%$$

（9）单位 GDP 能源消耗：指流域地区生产总值与能源消耗总量的比值，反映流域能源消耗强度。

$$单位GDP能源消耗=\frac{能源消耗总量}{地区生产总值}$$

（10）灌溉水有效利用率：指田间实际净灌溉用水总量与毛灌溉用水总量的比值。毛灌溉用水总量指在灌溉季节从水源引入的灌溉水量；净灌溉用水总量指在同一时段内进入田间的灌溉用水量。

$$灌溉水有效利用率=\frac{净灌溉用水总量}{毛灌溉用水总量}\times100\%$$

（11）单位工业产值耗水：指流域单位工业产值所消耗的新鲜水数量，单位为吨/万元，反映工业用水效率。

$$单位工业产值耗水=\frac{工业消耗新鲜水量}{工业总产值}$$

（12）单位建设用地产出：指流域内单位建设用地产出的工业产值，单位为万元/平方米，反映建设用地产出水平。

$$单位建设用地产出=\frac{建设用地工业产值}{建设用地总面积}$$

（13）人均地区生产总值：指流域一年内按平均常住人口计算的地区生产总值，单位为元/人，反映经济发展水平。

$$人均地区生产总值=\frac{地区生产总值}{常住总人口}$$

（14）第三产业产值比重：指流域第三产业产值在地区生产总值中的比重，单位为%，反映经济产业结构状况。

$$第三产业产值比重=\frac{第三产业产值}{地区生产总值}\times100\%$$

（15）城乡居民恩格尔系数：指流域城乡居民食品支出总额占个人消费支出总额的比重，反映居民家庭和地区富裕程度。

$$城乡居民恩格尔系数 = \frac{城乡居民食品支出总额}{消费支出总额}$$

（16）每万人公共汽车数量：指流域内公共汽车数量与常住人口数量的比值，单位为台/万人，反映交通出行便利状况。

$$每万人公共汽车数量 = \frac{公共汽车数量}{常住人口数量}$$

（17）生态文明建设知晓率：指流域居民知晓生态文明建设概念的比率，单位为%，反映生态文明理念传播水平。

（18）每万人在校大学生数：指流域内普通高等学校在校大学生数量与常住人口数量的比值，单位为人/万人，反映流域文化教育状况。

$$每万人在校大学生数 = \frac{普通高校在校大学生数量}{常住人口数量}$$

（19）特色文化建设认可度：指流域居民十分认可当前特色生态文化建设成效的比重，单位为%，反映文化基地建设状况。

（20）人均生活化学需氧量排放量：指流域内生活污水产生的 COD 排放数量与常住总人口的比值，单位为吨/人，反映居民日常行为规范状况。

（21）生态建设纳入政绩考核认可度：指流域居民十分认可将生态建设绩效纳入政府官员政绩考核体系的比重，单位为%，反映行政制度建设状况。

（22）生态建设投资融资综合认可度：指流域居民十分认可当前生态建设投资、融资制度的比重，单位为%，反映市场制度建设状况。

（23）生态建设信息公开水平认可度：指流域居民十分认可当前重大生态环境信息公开程度的比重，单位为%，反映民主制度建设状况。

（24）生态环境法规体系健全认可度：指流域居民十分认可当前生态环境法规体系比较健全的比重，单位为%，反映法律制度建设状况。

以上指标计算所需的基础资料主要来源于洱源县、大理市、大理白族自治州的统计局、国土资源局、气象局、环境保护局（现为生态环境局）等业务部门，以及入户调查与街头访谈。

3. 指标权重

评价体系中各因子、指标的权重是指二级因子和三级指标相对于上一级元素相对重要性的一种度量，科学确定各因子、指标的权重非常重要，是影响评价结果的重要环节。

从国内外研究现状看，目前已有的确定指标权重的方法大致可分为主观赋权法、客观赋权法和主客观赋权法（或称为组合赋权法）3 大类。其中，主观赋权法是采取一定方法综合专家对指标咨询评分进行的赋权，该方法能充分集中专家的智慧，如果选取的专家合适，赋权过程公正，则基于主观赋权的评价结果具有较高权威性。但该方法具有主观性与模糊性，任何评价者给出的权数都不可避免地有浓厚的"个人色彩"。客观赋权法是根据各指标间相关性或各指标值变异程度来确定权数，其判断结果不依赖于人的主观判断，有较强的数学理论依据，该方法实施简单、成本较低、排除了人为干扰。但是，由于客观赋权法要依赖于足够的样本数据和实际的问题域，通用性和可参与性差，计算方法也比较复杂，而且不能体现评判者对不同属性指标的重视程度，一些指标的权重可能与属性的实际重要程度相差较大，其结果无法得到公认（毕国华 等，2017）。主客观赋权法是将主观赋权法和客观赋权法组合起来，其组合既能充分利用客观信息又尽可能地满足决策者的主观愿望，并能对原评估值进行修正，使评估结果更符合实际。根据生态文明建设评价体系框架结构特点，本小节使用主观、客观结合的层次分析法确定表 3-1 中各因子、指标的权重大小。

层次分析法（analytic hierarchy process，AHP）是美国运筹学家萨蒂教授于 20 世纪 70 年代初期提出的，是对定性问题进行定量分析的一种简便、灵活而又实用的多准则决策方法。其特点是把复杂问题中的各种因素通过划分为相互联系的有序层次，使之条理化，根据对一定客观现实的主观判断结构（主要是两两比较）把专家意见和分析者的客观判断结果直接而有效地结合起来，将一层次元素两两比较的重要性进行定量描述。而后，利用数学方法计算反映每一层次元素的相对重要性次序的权值，通过所有层次之间的总排序计算所有元素的相对权重并进行排序。

本小节使用 AHP 方法确定各因子、指标权重的基本思路如下。

第一，建立层次结构模型。把问题条理化、层次化，构造层次分析的结构模型。本小节建立的层次结构模型如图 3-2 所示，其中目标层为确定指标体系中各指标权重；准则层为国土空间、生态环境、资源利用、经济社会、生态文化、体制机制 6 类二级因子；措施层（或方案层）为各因素对应的 24 项三级指标。

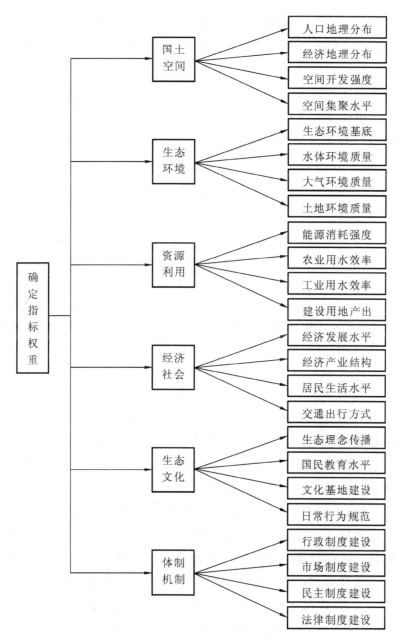

图 3-2　层次结构模型

第二，构造比较判断矩阵。任何评价分析都以一定的信息为基础。AHP 的信息基础主要是人们对每一层次各因素的相对重要性给出的判断，这些判断用数值表示出来，写成矩阵形式就是判断矩阵。判断矩阵是 AHP 工作的出发点，构造判断矩阵是 AHP 的关键一步。遴选多位从事地理生态、资源环境、产业经济方面的专家组成专家组，这些专家长期从事相关理论研究和地方实践，对生态文明内涵与建设内容有较深刻的理解。请各专家分别对 6 项二级因子和 24 项三级指标进行两两比较，构造比较判断矩阵。其中，元素之间的相对重要程度采用萨蒂等建议的 1～9 比例标度法进行标度，见表 3-2。

表 3-2 相对重要程度标度及其含义

标度类型	标度含义	标度类型	标度含义
1	B_i 和 B_j 同等重要	7	B_i 比 B_j 强烈重要
3	B_i 比 B_j 稍微重要	9	B_i 比 B_j 极端重要
5	B_i 比 B_j 明显重要	2，4，6，8	重要程度介于上述奇数之间

采用 1～9 的比例标度的主要依据是：①心理学的实验表明，大多数人对不同事物在相同属性上差别的分辨能力在 5～9 级，采用 1～9 的标度反映了大多数人的判断能力；②大量的社会调查表明，1～9 的比例标度早已为人们所熟悉和采用；③科学考察和实践表明，1～9 的比例标度已完全能区分引起人们感觉差别的事物的各种属性。因此，目前在层次分析法的应用中大多都采用该尺度。当然，关于不同尺度的讨论一直存在。从心理学观点来看，分级太多会超越人们的判断能力，增加了做判断的难度，因此容易提供模糊数据。萨蒂等还用实验方法比较了在各种不同标度下人们判断结果的正确性，实验结果也表明，采用 1～9 标度最为合适。

第三，利用方根法计算和一致性检验。采用方根法对每位专家打分结果进行计算。同时计算每个判断矩阵的一致性指标 CI，并将其与同阶的平均随机一致性指标 RI 进行比较（表 3-3），得到其随机一致性比率 CR。当 CR<0.1 时，认为比较矩阵的不一致程度在容许范围内，否则应予调整。CI 采用式（3-1）计算，λ_{max} 为判断矩阵的最大特征根。

$$CI = \frac{\lambda_{max} - n}{n - 1} \tag{3-1}$$

表 3-3　判断矩阵随机一致性指标

阶数	RI	阶数	RI	阶数	RI
1	—	6	1.24	11	1.52
2	0	7	1.32	12	1.54
3	0.58	8	1.41	13	1.56
4	0.90	9	1.45	14	1.58
5	1.12	10	1.49	15	1.59

　　为体现专家组的集体智慧，减少个人评判的主观偏差和通过一致性检验。这里对各专家的打分结果进行综合权衡分析，最终得到各因子、指标针对上一级元素的相对权重。洱海流域生态文明建设评价指标体系二级因子权重，见表 3-4。

表 3-4　二级因子权重

总目标	二级因子	权重
	国土空间	0.064 8
	生态环境	0.293 5
	资源利用	0.152 9
生态文明建设评价	社会经济	0.240 2
	生态文化	0.110 0
	体制机制	0.138 6

注：λ_{max}=6.627 1，一致性比例 CR=0.099 5。

　　第四，二级因子权重。对目标层而言，6 项二级因子的权重得分差别较大，由大到小依次为生态环境（0.293 5）、社会经济（0.240 2）、资源利用（0.152 9）、体制机制（0.138 6）、生态文化（0.110 0）、国土空间（0.064 8）。判断矩阵的一致性比例为 0.099 5，通过一致性检验（表 3-4）。

　　第五，三级指标权重。24 个三级指标对 6 个二级因子的权重大小各具特点。

　　（1）国土空间因子的 4 项指标的权重得分不同，由大到小依次为空间开发强度（0.3407）、空间聚集水平（0.286 5）、经济地理分布（0.202 6）、人口地理分布（0.170 2）。判断矩阵的一致性比例为 0.068 8，通过一致性检验（表 3-5）。

表 3-5 国土空间因子指标权重

二级因子	三级指标	权重
国土空间	人口地理分布	0.170 2
	经济地理分布	0.202 6
	空间开发强度	0.340 7
	空间聚集水平	0.286 5

注：λ_{max}=4.183 6，一致性比例 CR=0.068 8。

（2）生态环境因子的 4 项指标的权重得分不同，由大到小依次为水体环境质量（0.400 9）、生态环境基底（0.275 3）、土地环境质量（0.175 9）、大气环境质量（0.147 9）。判断矩阵的一致性比例为 0.090 3，通过一致性检验（表 3-6）。

表 3-6 生态环境因子指标权重

二级因子	三级指标	权重
生态环境	生态环境基底	0.275 3
	水体环境质量	0.400 9
	大气环境质量	0.147 9
	土地环境质量	0.175 9

注：λ_{max}=4.241 1，一致性比例 CR=0.090 3。

（3）资源利用因子的 4 项指标的权重得分不同，由大到小依次为农业用水效率（0.364 0）、建设用地产出（0.306 1）、工业用水效率（0.195 6）、能源消耗强度（0.134 3）。判断矩阵的一致性比例为 0.043 9，通过一致性检验（表 3-7）。

表 3-7 资源利用准因子指标权重

二级因子	三级指标	权重
资源利用	能源消耗强度	0.134 3
	农业用水效率	0.364 0
	工业用水效率	0.195 6
	建设用地产出	0.306 1

注：λ_{max}=4.117 1，一致性比例 CR=0.043 9。

（4）经济社会因子的 4 项指标的权重得分不同，由大到小依次为经济发展水平（0.431 7）、居民生活水平（0.314 4）、经济产业结构（0.137 9）、交通出行方式（0.116 0）。判断矩阵的一致性比例为 0.090 3，通过一致性检验（表 3-8）。

表 3-8　经济社会因子指标权重

二级因子	三级指标	权重
经济社会	经济发展水平	0.431 7
	经济产业结构	0.137 9
	居民生活水平	0.314 4
	交通出行方式	0.116 0

注：λ_{max}=4.241 1，一致性比例 CR=0.090 3。

（5）生态文化因子的 4 项指标的权重得分不同，由大到小依次为生态理念传播（0.386 4）、国民教育水平（0.302 4）、日常行为规范（0.174 6）、文化基地建设（0.136 6）。判断矩阵的一致性比例为 0.0805，通过一致性检验（表 3-9）。

表 3-9　生态文化因子指标权重

二级因子	三级指标	权重
生态文化	生态理念传播	0.386 4
	国民教育水平	0.302 4
	文化基地建设	0.136 6
	日常行为规范	0.174 6

注：λ_{max}=4.214 8，一致性比例 CR=0.080 5。

（6）体制机制因子的 4 项指标的权重得分不同，由大到小依次为市场制度建设（0.343 1）、行政制度建设（0.242 6）、法律制度建设（0.242 6）、民主制度建设（0.171 7）。判断矩阵的一致性比例为 0.092 3，通过一致性检验（表 3-10）。

表 3-10 体制机制因子指标权重

二级因子	三级指标	权重
体制机制	行政制度建设	0.242 6
	市场制度建设	0.343 1
	民主制度建设	0.171 7
	法律制度建设	0.242 6

注：λ_{max}=4.246 3，一致性比例 CR=0.092 3。

第六，指标最终权重。24 个指标对目标层的权重得分如表 3-11 所示，可以发现，水体环境质量、经济发展水平、生态环境基底、居民生活水平、农业用水效率最为重要，排名前 5 位；日常行为规范、空间聚集水平、文化基地建设、经济地理分布、人口地理分布排名最为靠后。其中，排名第一的水环境质量因子得分是排名最后的人口地理分布的 10 倍多。

表 3-11 各指标因子的最终权重及排名

二级因子	三级指标	对目标层的权重	排序
国土空间	人口地理分布	0.011 0	24
	经济地理分布	0.013 1	23
	空间开发强度	0.022 1	18
	空间聚集水平	0.018 6	21
生态环境	生态环境基底	0.080 8	3
	水体环境质量	0.117 7	1
	大气环境质量	0.043 4	9
	土地环境质量	0.051 6	6
资源利用	能源消耗强度	0.020 5	19
	农业用水效率	0.055 7	5
	工业用水效率	0.029 9	15
	建设用地产出	0.046 8	8
社会经济	经济发展水平	0.103 7	2
	经济产业结构	0.033 1	14
	居民生活水平	0.075 5	4
	交通出行方式	0.027 9	16

续表

二级因子	三级指标	对目标层的权重	排序
	生态理念传播	0.042 5	10
生态文化	国民教育水平	0.033 3	13
	文化基地建设	0.015 0	22
	日常行为规范	0.019 2	20
	行政制度建设	0.033 6	11
体制机制	市场制度建设	0.047 6	7
	民主制度建设	0.023 8	17
	法律制度建设	0.033 6	12

3.3.2　评价模型设计

1. 评价模型

所谓评价，即价值的确定，是通过对照某些标准来判断测量结果，并赋予这种结果以一定的意义和价值的过程。综合评价是对一个复杂系统用多个指标进行总体评价的方法（成金华 等，2015）。综合评价方法又称为多变量综合评价法、多指标综合评估技术，有关的方法很多。这里根据研究目标和指标数据特点，选择线性加权法考察洱海流域各年度生态文明建设水平。具体评价模型分为两种情况，分别用式（3-2）、式（3-3）表示。

$$SF_i = \sum_{j=1}^{4} W_{ij} X_{ij} \qquad (3-2)$$

式（3-2）用来表示洱海流域生态文明二级因子建设水平评价，其中 SF_i 为生态文明二级因子 i 的建设水平得分，X_{ij} 为相应的三级指标 j 的标准化值，W_{ij} 为指标 X_{ij} 对应的权重。$i=1$，2，3，$\cdots$，6；$j=1$，2，3，4；SF_i 得分越高，表明该二级因子建设水平越高。

$$TA = \sum_{i=1}^{6} R_i SF_i \qquad (3-3)$$

式（3-3）用来表示洱海流域生态文明建设总体水平评价，其中 TA 为某年度生态文明建设总评得分，R_i 为二级因子 SF_i 对应的权重。TA 得分越高，表明流域生态文明建设总体水平越高。

2. 指标标准化

为消除各指标量纲、数量级大小的影响，需在计算前将原始数据进行标准化，转化为无量纲的标准化数据。这里采用极差标准化方法对2008～2013年洱海流域生态文明建设评价指标数据进行标准化，结果见表3-12。标准化方法见式（3-4）、式（3-5）。其中，Z_{rj} 为指标 i 在第 t 年份的标准化值，x_{jt} 为指标 i 在第 t 年份的原始值，x_{jmin}、x_{jmax} 为所有年份中的最小、最大的原始值。对评价目标而言，所有指标可以分为"越大越好"的效益型指标与"越小越好"的成本型指标两个类型，标准化的变换方法有所不同。

表 3-12　生态文明建设评价指标数据标准化值

指标	2008年	2009年	2010年	2011年	2012年	2013年
人口地理分布	1.000 0	0.344 2	0.962 2	0.564 1	0.406 6	0.000 0
经济地理分布	0.000 0	0.098 3	0.242 3	0.496 6	0.768 9	1.000 0
空间开发强度	0.000 0	0.161 1	0.337 7	0.599 1	0.799 4	1.000 0
空间聚集水平	0.119 4	0.119 8	0.035 7	0.000 0	0.980 4	1.000 0
生态环境基底	0.000 0	0.279 3	0.401 1	0.601 7	0.801 1	1.000 0
水体环境质量	1.000 0	0.000 0	0.285 1	0.390 4	0.469 3	0.456 1
大气环境质量	0.000 0	1.000 0	1.000 0	1.000 0	1.000 0	1.000 0
土地环境质量	0.000 0	0.192 3	0.384 6	0.589 7	0.794 9	1.000 0
能源消耗强度	0.000 0	0.237 5	0.400 0	0.600 0	0.800 0	1.000 0
农业用水效率	0.000 0	0.222 2	0.333 3	0.444 4	0.666 7	1.000 0
工业用水效率	0.000 0	0.240 0	0.406 7	0.620 0	0.846 7	1.000 0
建设用地产出	0.000 0	0.107 2	0.252 4	0.472 1	0.750 8	1.000 0
经济发展水平	0.000 0	0.091 8	0.247 7	0.500 8	0.774 9	1.000 0
经济产业结构	0.739 8	1.000 0	0.483 7	0.004 1	0.000 0	0.300 8
居民生活水平	0.000 0	1.000 0	0.285 4	0.508 1	0.549 9	0.687 4
交通出行方式	0.000 0	0.066 9	1.000 0	0.081 8	0.045 7	0.114 7
生态理念传播	0.000 0	0.390 1	0.793 5	0.945 5	1.000 0	1.000 0
国民教育水平	0.000 0	0.462 4	0.486 8	0.549 3	0.789 9	1.000 0
文化基地建设	0.000 0	0.666 7	0.583 3	0.916 7	1.000 0	0.916 7
日常行为规范	0.000 0	0.135 4	0.308 6	0.370 4	0.873 0	1.000 0

续表

指标	2008 年	2009 年	2010 年	2011 年	2012 年	2013 年
行政制度建设	0.000 0	1.000 0	1.000 0	1.000 0	1.000 0	1.000 0
市场制度建设	0.000 0	0.347 8	0.130 4	0.695 7	0.826 1	1.000 0
民主制度建设	0.230 8	0.384 6	0.000 0	0.538 5	1.000 0	0.153 8
法律制度建设	0.000 0	0.600 0	0.280 0	0.640 0	0.920 0	1.000 0

"越大越好"的效益型指标的变换方法如下： -

$$Z_{rj} = \begin{cases} (x_{ij} - x_{j\min})/(x_{j\max} - x_{j\min}), & x_{j\max} \neq x_{j\min} \\ 1 & , \quad x_{j\max} = x_{j\min} \end{cases} \qquad (3\text{-}4)$$

"越小越好"的成本型指标的变换方法如下：

$$Z_{rj} = \begin{cases} (x_{j\max} - x_{ij})/(x_{j\max} - x_{j\min}), & x_{j\max} \neq x_{j\min} \\ 1 & , \quad x_{j\max} = x_{j\min} \end{cases} \qquad (3\text{-}5)$$

3.3.3　评价结果分析

1. 洱海流域生态文明建设总评得分特征

根据各指标对总目标的权重和数据标准化结果，计算得到洱海流域生态文明建设总评得分，见图 3-3。统计显示，2008 年洱海流域生态文明建设总评得分为 0.1609，此后的 2009～2013 年分别变化为 0.360 2、0.406 8、0.545 1、0.720 2、0.832 2，呈现逐年增加趋势，反映了流域居民大力推进生态文明建设的各项努力已取得初步成效。相对于 2008 年，2013 年生态文明建设总评得分提高了 0.6713，增长了 5.172 2 倍。

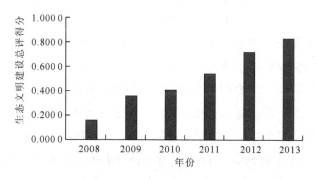

图 3-3　洱海流域生态文明建设总评得分变化

2.洱海流域生态文明建设二级因子得分

根据各指标对总目标的权重和数据标准化结果，利用式（3-2）计算得到各二级因子生态文明建设得分，结果见表 3-13。显示 2008～2013 年洱海流域二级因子国土空间、生态环境、资源利用、社会经济、生态文化与体制机制因子得分存在较大差异，2008～2013 年，洱海流域生态文明建设总评得分的平均值为 0.504 2，其中 6 个二级因子得分的平均值分别为 0.029 4、0.154 2、0.070 8、0.103 4、0.066 3、0.080 2，显示从平均的意义上看，洱海流域生态文明二级因子建设水平从高到低的顺序依次为：生态环境>社会经济>体制机制>资源利用>生态文化>国土空间。

表 3-13 生态文明建设二级因子得分

二级因子	2008 年	2009 年	2010 年	2011 年	2012 年	2013 年	平均
国土空间	0.013 2	0.010 9	0.022 0	0.025 9	0.050 5	0.053 8	0.029 4
生态环境	0.117 7	0.075 9	0.129 2	0.168 3	0.204 3	0.229 5	0.154 2
资源利用	0.000 0	0.029 5	0.050 8	0.077 7	0.113 9	0.152 9	0.070 8
社会经济	0.024 5	0.120 0	0.091 1	0.092 7	0.123 2	0.168 8	0.103 4
生态文化	0.000 0	0.044 6	0.064 6	0.079 4	0.100 6	0.108 8	0.066 3
体制机制	0.005 5	0.079 6	0.049 2	0.101 0	0.127 6	0.118 5	0.080 2
总评合计	0.160 9	0.360 2	0.406 8	0.545 1	0.720 2	0.832 2	0.504 2

第一，国土空间因子得分及变化情况，见图 3-4。2008～2013 年，洱海流域国土空间因子评价得分依次为 0.013 2、0.010 9、0.022 0、0.025 9、0.050 5、0.053 8，总体呈现增加趋势，对生态文明建设总评得分的贡献率分别为 8.20%、3.03%、5.41%、4.75%、7.01%、6.46%。相对于 2008 年，2013 年的得分增长了 0.040 6，贡献率则减少了 1.74 个百分点。

第二，生态环境因子得分及变化情况，见图 3-5。2008～2013 年，洱海流域生态环境因子评价得分依次为 0.117 7、0.075 9、0.129 2、0.168 3、0.204 3、0.229 5，总体呈现增加趋势，对生态文明建设总评得分的贡献率分别为 73.15%、21.07%、31.76%、30.88%、28.37%、27.58%。相对于 2008 年，2013 年的得分增长了 0.111 8，贡献率则减少了 45.57 个百分点。

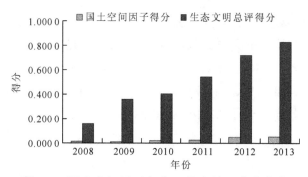

图 3-4　国土空间因子得分及其在总评中的变化

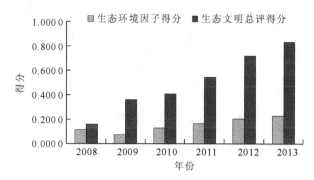

图 3-5　生态环境因子得分及其在总评中的变化

第三，资源利用因子得分及变化情况，见图 3-6。2008~2013 年，洱海流域资源利用因子评价得分依次为 0.000、0.029 5、0.050 8、0.077 7、0.113 9、0.152 9，总体呈现增加趋势，对生态文明建设总评得分的贡献率分别为 0.00%、8.19%、12.49%、14.25%、15.82%、18.37%。相对于 2008 年，2013 年的得分增长了 0.152 9，贡献率则增加了 18.37 个百分点。

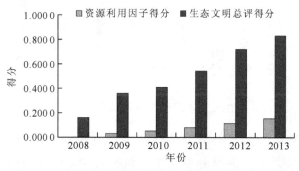

图 3-6　资源利用因子得分及其在总评中的变化

第四，社会经济因子得分及变化情况，见图 3-7。2008～2013 年，洱海流域社会经济因子评价得分依次为 0.024 5、0.120 0、0.091 1、0.092 7、0.123 2、0.168 8，总体呈现增加趋势，对生态文明建设总评得分的贡献率分别为 15.23%、33.31%、22.39%、17.01%、17.11%、20.28%。相对于 2008 年，2013 年的得分增长了 0.144 3，贡献率则增加了 5.05 个百分点。

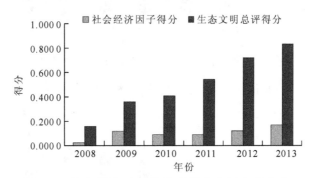

图 3-7   社会经济因子得分及其在总评中的变化

第五，生态文化因子得分及变化情况，见图 3-8。2008～2013 年，洱海流域生态文化因子评价得分依次为 0.000 0、0.044 6、0.064 6、0.079 4、0.100 6、0.108 8，总体呈现增加趋势，对生态文明建设总评得分的贡献率分别为 0.00%、12.38%、15.88%、14.57%、13.97%、13.07%。相对于 2008 年，2013 年生态文明建设得分增长了 0.108 8，贡献率则增加了 13.07 个百分点。

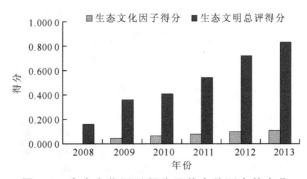

图 3-8   生态文化因子得分及其在总评中的变化

第六，体制机制因子得分及变化情况，见图 3-9。2008～2013 年，洱海流域体制机制因子评价得分依次为 0.005 5、0.079 6、0.049 2、0.101 0、0.127 6、0.118 5，总体呈现增加趋势，对生态文明建设总评得分的贡献率

分别为 3.42%、22.10%、12.09%、18.53%、17.72%、14.24%。相对于 2008
年，2013 年生态文明建设得分增长了 0.113 0，贡献率则增加了 10.82 个百
分点。

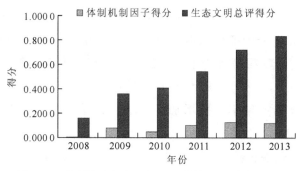

图 3-9　体制机制因子得分及其在总评中的变化

从时间序列看，2008～2013 年洱海流域二级因子得分对生态文明建设
总评得分的贡献水平存在较大差异，各年份国土空间、生态环境、资源利
用、社会经济、生态文化与体制机制因子对总得分的贡献率变化情况，见
图 3-10。

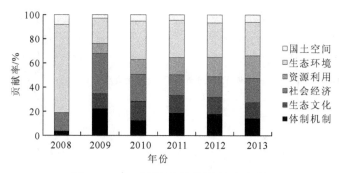

图 3-10　二级因子得分贡献率变化

从总体上看，相对于 2008 年，2013 年的 6 个二级因子中国土空间和
生态环境得分贡献率合计下降了 47.31 个百分点，其中生态环境得分下降
了 45.57%，下降幅度非常显著；其他 4 类因子贡献率合计上升了 47.31 个
百分点，不同因子的增量差异比较显著，从高到低的顺序依次为资源利用、
生态文化、体制机制、社会经济，6 年间贡献率分别增加了 18.37%、13.07%、
10.82%、5.05%。

3. 洱海流域生态文明建设三级指标得分

第一，国土空间因子对应的三级指标得分变化及对比情况，见图 3-11、图 3-12。对国土空间因子而言，4 个三级指标得分随时间波动变化，增减趋势不尽相同，对该因子得分变化的贡献率差别也较大。从总体上看，2008～2013 年 4 个指标得分的变化幅度差别较大，其中人口地理分布指标得分减少了 0.011 0，贡献率相应减少了 83.33 个百分点，其他 3 个指标经济地理分布、空间开发强度、空间聚集水平分别增加了 0.013 1、0.022 1、0.016 4，对二级因子得分的贡献率分别增加了 24.35 个百分点、41.08 个百分点、17.91 个百分点。

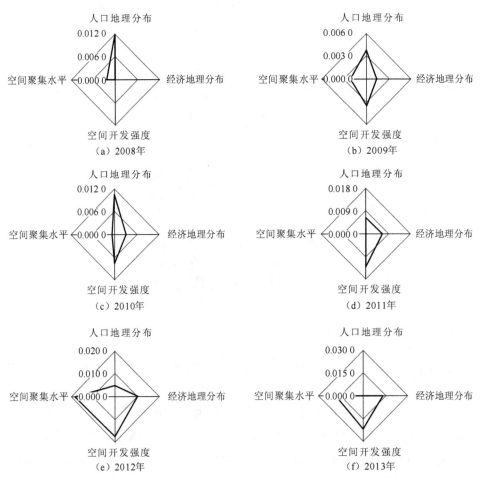

图 3-11 国土空间因子指标得分比较

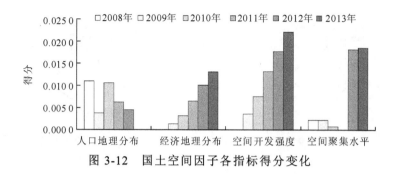

图 3-12 国土空间因子各指标得分变化

第二，生态环境因子对应的三级指标得分变化及对比情况，见图 3-13、图 3-14。对生态环境因子而言，4 个三级指标得分随时间波动变化，增减趋势不尽相同，对该因子得分变化的贡献率差别也较大。从总体上看，2008～2013 年 4 个指标得分的变化幅度差别较大，其中水体环境质量得分减少了 0.064 0，贡献率相应减少了 76.60 个百分点，其他 3 个指标中生态环境基底、大气环境质量、土地环境质量分别增加了 0.080 8、0.043 4、0.051 6，对二级因子得分的贡献率分别增加了 35.21 个百分点、18.91 个百分点、22.48 个百分点。

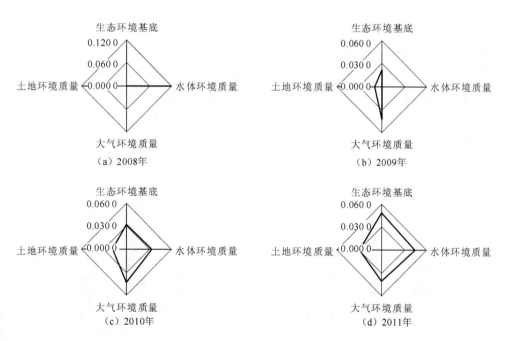

（e）2012年 　　　　　　（f）2013年

图 3-13　生态环境因子指标得分比较

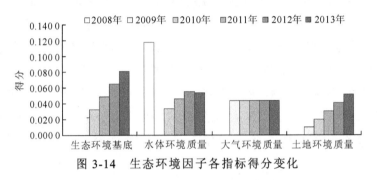

图 3-14　生态环境因子各指标得分变化

第三，资源利用因子对应的三级指标得分变化及对比情况，见图 3-15、图 3-16。对资源利用因子而言，4 个三级指标得分随时间波动变化，增减趋势不尽相同，对该因子得分变化的贡献率差别也较大。从总体上看，2008~2013 年 4 个三级指标得分均有所增加，但增幅差别较大，能源消耗强度、农业用水效率、工业用水效率、建设用地产出分别增加了 0.020 5、0.0557、0.0299、0.0468（2008 年各指数得分为 0）。

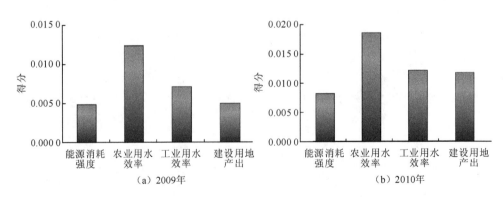

（a）2009年 　　　　　　（b）2010年

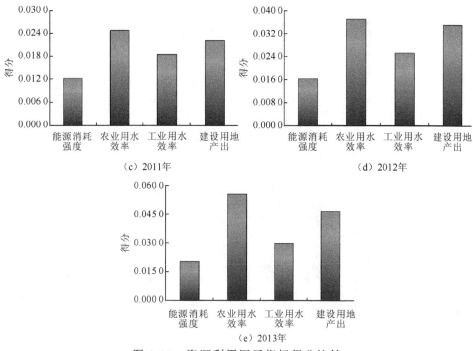

图 3-15　资源利用因子指标得分比较

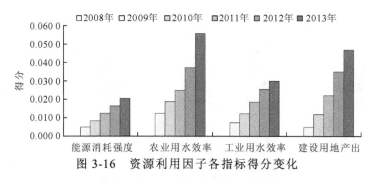

图 3-16　资源利用因子各指标得分变化

第四，社会经济因子对应的三级指标得分变化及对比情况，见图 3-17、图 3-18。对社会经济因子而言，4 个三级指标得分随时间波动变化幅度较大，各指标的变化贡献率差别也较大。从总体上看，2008～2013 年 4 个三级指标得分的变化幅度差别较大，其中经济产业结构得分减少了 0.014 5，贡献率相应减少了 94.08 个百分点，其他 3 个指标经济发展水平、居民生活水平、交通出行方式得分分别增加了 0.103 7、0.051 9、0.003 2，对二级因子得分的贡献率分别增加了 61.43 个百分点、30.75 个百分点、1.90 个百分点。

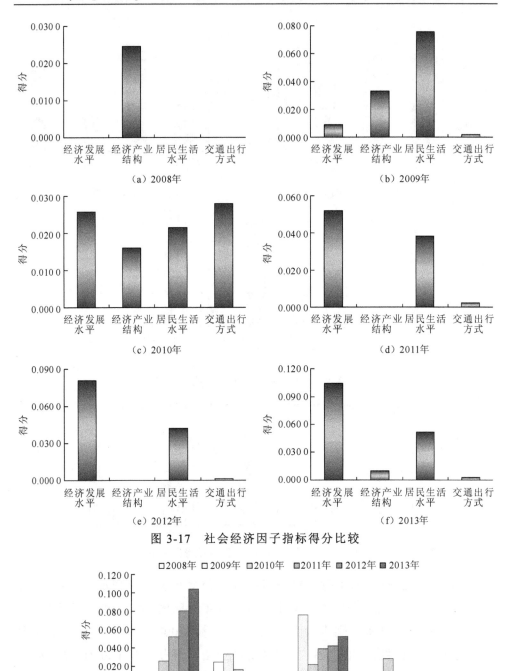

图 3-17　社会经济因子指标得分比较

图 3-18　社会经济因子各指标得分变化

第五，生态文化因子对应的三级指标得分变化及对比情况，见图 3-19、图 3-20。对生态文化因子而言，4 个三级指标得分随时间波动变化幅度较大，各指标的变化贡献率差别也较大。从总体上看，2008～2013 年 4 个三级指标得分均有所增加，但增幅差别较大，其中生态理念传播、国民教育水平、文化基地建设、日常行为规范分别增加了 0.042 5、0.033 3、0.013 8、0.019 2（2008 年各指数得分为 0）。

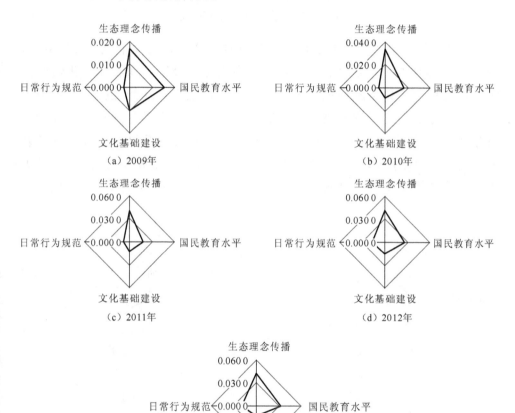

图 3-19　生态文化因子指标得分比较

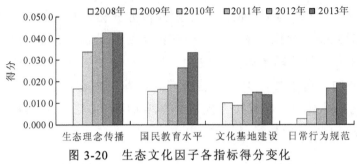

图 3-20　生态文化因子各指标得分变化

第六，体制机制因子对应的三级指标得分变化及对比情况，见图 3-21、图 3-22。对体制机制因子而言，4 个三级指标得分随时间波动变化幅度较大，各指标的变化贡献率差别也较大。从总体上看，2008~2013 年 4 个三级指标得分的变化幅度差别较大，其中民主制度建设得分减少了 0.001 8，贡献率相应减少了 96.88 个百分点，其他 3 个指标行政制度建设、市场制度建设、法律制度建设得分分别增加了 0.033 6、0.047 6、0.033 6，对二级因子得分的贡献率分别增加了 28.35 个百分点、40.17 个百分点、28.35 个百分点。

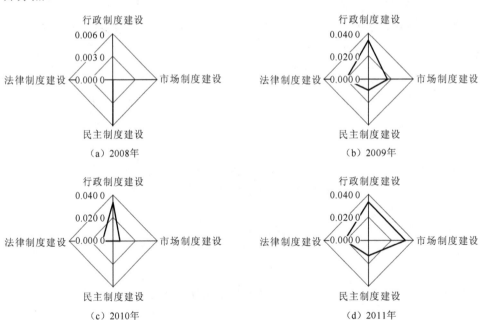

（e）2012年　　　　　　　　　　（f）2013年

图 3-21　体制机制因子指标得分比较

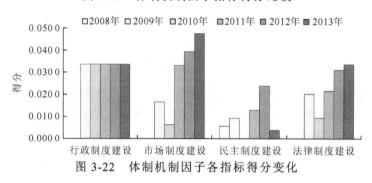

图 3-22　体制机制因子各指标得分变化

2008～2013 年，洱海流域生态文明建设水平评价二级因子和三级指标得分变化，基本情况汇总结果见表 3-14。

表 3-14　洱海流域生态文明建设水平评价得分变化

因子/指标	2008 年	2009 年	2010 年	2011 年	2012 年	2013 年	平均
国土空间	0.013 2	0.010 9	0.022 0	0.025 9	0.050 5	0.053 8	0.029 4
人口地理分布	0.011 0	0.003 8	0.010 6	0.006 2	0.004 5	0.000 0	0.006 0
经济地理分布	0.000 0	0.001 3	0.003 2	0.006 5	0.010 1	0.013 1	0.005 7
空间开发强度	0.000 0	0.003 6	0.007 5	0.013 2	0.017 7	0.022 1	0.010 7
空间聚集水平	0.002 2	0.002 2	0.000 7	0.000 0	0.018 2	0.018 6	0.007 0
生态环境	0.117 7	0.075 9	0.129 2	0.168 3	0.204 3	0.229 5	0.154 2
生态环境基底	0.000 0	0.022 6	0.032 4	0.048 6	0.064 7	0.080 8	0.041 5
水体环境质量	0.117 7	0.000 0	0.033 6	0.045 9	0.055 2	0.053 7	0.051 0
大气环境质量	0.000 0	0.043 4	0.043 4	0.043 4	0.043 4	0.043 4	0.036 2
土地环境质量	0.000 0	0.009 9	0.019 8	0.030 4	0.041 0	0.051 6	0.025 5

因子/指标	2008 年	2009 年	2010 年	2011 年	2012 年	2013 年	平均
资源利用	0.000 0	0.029 5	0.050 8	0.077 7	0.113 9	0.152 9	0.070 8
能源消耗强度	0.000 0	0.004 9	0.008 2	0.012 3	0.016 4	0.020 5	0.010 4
农业用水效率	0.000 0	0.012 4	0.018 6	0.024 8	0.037 1	0.055 7	0.024 8
工业用水效率	0.000 0	0.007 2	0.012 2	0.018 5	0.025 3	0.029 9	0.015 5
建设用地产出	0.000 0	0.005 0	0.011 8	0.022 1	0.035 1	0.046 8	0.020 1
社会经济	0.024 5	0.120 0	0.091 1	0.092 7	0.123 2	0.168 8	0.103 4
经济发展水平	0.000 0	0.009 5	0.025 7	0.051 9	0.080 4	0.103 7	0.045 2
经济产业结构	0.024 5	0.033 1	0.016 0	0.000 1	0.000 0	0.010 0	0.014 0
居民生活水平	0.000 0	0.075 5	0.021 5	0.038 4	0.041 5	0.051 9	0.038 1
交通出行方式	0.000 0	0.001 9	0.027 9	0.002 3	0.001 3	0.003 2	0.006 1
生态文化	0.000 0	0.044 6	0.064 6	0.079 4	0.100 6	0.108 8	0.066 3
生态理念传播	0.000 0	0.016 6	0.033 7	0.040 2	0.042 5	0.042 5	0.029 3
国民教育水平	0.000 0	0.015 4	0.016 2	0.018 3	0.026 3	0.033 3	0.018 3
文化基地建设	0.000 0	0.001 0	0.008 8	0.013 8	0.015 0	0.013 8	0.010 2
日常行为规范	0.000 0	0.002 6	0.005 9	0.007 1	0.016 8	0.019 2	0.008 6
体制机制	0.005 5	0.079 6	0.049 2	0.101 0	0.127 6	0.118 5	0.080 2
行政制度建设	0.000 0	0.033 6	0.033 6	0.033 6	0.033 6	0.033 6	0.028 0
市场制度建设	0.000 0	0.016 6	0.006 2	0.033 1	0.039 3	0.047 6	0.023 8
民主制度建设	0.005 5	0.009 2	0.000 0	0.012 8	0.023 8	0.003 7	0.009 2
法律制度建设	0.000 0	0.020 2	0.009 4	0.021 5	0.030 9	0.033 6	0.019 3

3.4 核 心 指 标

洱海流域生态文明建设评价标准核心指标的选择，除需要遵循生态文明建设评价指标体系构建的一些原则以外，还要特别关注以下 4 个方面。

（1）数据来源方面。有分地区、长序列、可持续性的权威数据支撑。这些数据主要包括国家各部委、各省市公开发布的政府公报、国家统计局出版的各类统计年鉴、重要科研机构发布的专门数据等。

（2）标准衔接方面。与国务院及相关部委发布的相关标准衔接。如 2007 年国家环境保护总局公布的《生态县、生态市、生态省建设指标（修订稿）》、2011 年国务院下发的《全国主体功能区规划》、2013 年环境保护部印发的《国家生态文明建设试点示范区指标（试行）》制定的指标体系与评价标准。

（3）特有指标方面。每个区域均有自身的特色，在考虑指标的区域统一化的同时应纳入少量反映区域特色的地方化指标。这些地方化指标可以表现为一些指标的计算方法方面，即可以根据数据情况对某些指标进行合理计算。

（4）确定核心指标。结合以上原则，遴选 10 个核心指标作为洱海流域生态文明建设的评价目标或标准，结果见表 3-15。这些核心指标基本包括了国土空间、生态环境、资源利用、社会经济、生态文化与体制机制 6 个二级因子。这些指标在上述评价中得分一般较高，对总评得分的贡献率较大。根据流域实际情况，一些指标计算可以做适当调整。例如，生态环境基底可换作森林覆盖率表示，水环境治理可换作湖泊或河流的 COD、TN、TP、氨氮表示，大气环境质量可换作 SO_2 含量表示等。

表 3-15　洱海流域生态文明建设评价标准核心指标

序号	指标	序号	指标
1	空间聚集水平	6	工业用水效率
2	生态环境基底	7	经济发展水平
3	水体环境质量	8	经济产业结构
4	大气环境质量	9	生态理念传播
5	能源消耗强度	10	行政制度建设

第4章 洱海流域生态文明建设思路

4.1 背 景 分 析

（1）流域发展理念从过多强调经济发展向生态、经济并重发展转换。洱海流域是大理人口聚集中心和滇西经济增长中心，还是云南省发展和西南部振兴的重要战略支点，社会经济发展意义重大；洱海是流域生态安全屏障，更是大理人民的"母亲湖"，生态环境保护形势严峻。据此，洱海流域生态文明建设不能因为生态保护、污染减排而忽略经济发展，在坚持把洱海水污染防治、生境改善与绿色流域建设作为导向的基础上，坚持把绿色发展、循环发展、低碳发展作为基本途径，坚持以发展带动保护、以保护支持发展，平衡推进社会经济发展与生态环境保护、实施生态与经济社会和谐发展，形成节约资源和保护环境的空间格局、产业结构与生产方式。

（2）洱海污染治理从工程模式为主向工程、经济社会并重模式转换。洱海流域工业化和城镇化整体仍处在跨越初期阶段向中期阶段迈进的快速发展时期，社会经济的快速发展必将带来递增的环境压力。虽然多年来国家、云南省和大理白族自治州围绕洱海水污染控制与治理已完成大量研究项目和示范工程，但尚未从根本上解决问题，规模不等的水华事件时有发生，迫切需要"工程治污"主导的污染防治模式策略势必难以为继。新形势下，以生态文明理念为统领，对生态、经济、社会、文化、制度等方面进行科学设计，从相对宏观的、综合的视角对流域水资源环境问题进行统筹解决，是一项重大战略转换。

（3）生态环境建设从自然保护为主向自然、人文社会并重建设转换。洱海流域的生态环境建设，较多强调技术的作用，认为只要投入足够的资金，应用先进的现代技术，就能有效解决各种生态环境问题。但多年的实践证明，这样的生态建设方向并不能"药到病除"，我们必须重新反思生态环境建设的思路。需要牢固树立和贯彻落实创新、协调、绿色、开放、共享的发展理念，按照党中央、国务院决策部署，以提高环境质量为核心，实施最严格的环境保护制度，打好大气、水、土壤污染防治三大战役，加强生态保护与修复，严密防控生态环境风险，加快推进生态环境领域国家治理体系和治理能力的现代化，不断提高生态环境管理系统化、科学化、法治化、精细化和信息化水平。在资源开发与节约中应把节约放在优先位置，以最少的资源消耗支撑经济社会持续发展；在环境保护与发展中应把保护放在优先位置，在发展中保护、在保护中发展。同时，将生态文明纳入社会主义核心价值体系，加强对城乡居民生态文化的宣传教育，倡导勤俭节约、绿色低碳、文明健康的生活方式和消费模式，提高全社会生态文明意识，为生态文明建设提供思想支撑。

4.2 建 设 目 标

与云南省、大理白族自治州生态文明建设同步，到 2020 年流域资源节约型和环境友好型社会建设取得重大进展，主体功能区布局基本形成，经济发展质量和效益显著提高，生态文明主流价值观在全流域得到推行，生态文明建设水平与全面建成小康社会目标相适应。通过生态文明建设，力争让洱海大地水更绿、山更青，绿色发展新路更坦荡，水生态系统更加健康持续，人水和谐关系有进一步提升，为全国生态文明建设贡献"洱海样本"，为全国城市近郊湖泊生态环境保护提供成功经验。具体目标分为 6 个方面。

（1）空间开发格局进一步优化。流域经济、人口布局向均衡化方向发展，国土空间开发强度、城市空间规模得到有效控制，资源环境承载力与城镇化、工业化发展相适宜，城乡结构和空间布局明显优化。

（2）资源利用更加节约高效。流域能源消耗强度持续下降，非化石能源占一次能源消费比重达到 30% 以上；建设用地产出水平高于全国平均水平，工业用水效率和农田灌溉水有效利用系数提高到全国平均水平以上。

（3）生态环境质量总体改善。流域主要污染物排放总量继续减少，大气、水体环境质量稳步提升，饮用水安全保障水平持续提升，土壤环境质量总体保持稳定,各类环境风险得到有效控制。森林覆盖率达到50%以上,生物多样性丧失得到控制,区域生态系统稳定性明显增强。

(4)经济转型发展取得突破。低碳、绿色、循环发展理念成为社会共识,产业结构进一步优化升级,产业生态化发展战略得以确立并进一步优化调整,生态文明建设的经济基础更加雄厚。

(5)各类重大制度基本建立。基本形成源头预防、过程控制、损害赔偿、责任追究的生态环境保护体系,资源节约利用、循环发展等方面的行政、法律、民主、市场制度等关键制度建设取得决定性成果,并得到贯彻推行。

(6)生态文明理念普遍确立。生态文明理念传播、教育体系得以建立,生态文明导向的生产、生活行为规范得以健全,低碳生活和绿色消费成为大众时尚,尊重自然、顺应自然、保护自然的理念普遍内化于心和外化于行。

4.3　建　设　内　容

洱海流域不仅是一个相对独立的自然地域与经济地域系统,自然生态、工农业生产与居民生活各要素的单独变化与联合变化,与洱海水环境变化有着千丝万缕的联系,后者变化对上述自然、人文要素同样具有直接或间接的反馈作用。新时期,在洱海流域开展生态文明建设,其实质是以水资源环境承载力为基础,以自然规律为准则,以流域生态、经济、社会可持续发展为目标的水资源节约型、环境友好型社会,通过调节人类的生产、生活方式优化流域人地系统结构,通过和谐人地关系保障流域人水系统功能。

因此,本书将坚持从全国、云南及大理白族自治州的宏观视野出发,从影响生态文明建设的核心领域着手,对古今中外生态文明相关的理论、思想进行梳理,对国内外生态文明建设相关的思路、做法进行归纳,厘清洱海流域生态文明建设优势、劣势;重点对主体功能区进行差异化生态保护与经济模式、资源节约利用与城乡环境治理、体制机制制度创新、生态社会文化建设等几个方面着手,提出实施路径及相应的保障措施。各方案研究内容相互联系,是一个有机整体。力争通过协同实施,推动流域逐步实现从工业文明向生态文明的跨越,力争从源头上扭转流域生态环境恶化趋势，为洱海水体污染控制与治理提供必要的生态环境基础与社会经济等方面的支撑计划。

4.4　方案编制路线

以"十一五"水专项系列相关成果为基础，根据新时期生态文明建设的要求进一步拓展、深化和创新，立足问题导向，洱海流域生态文明建设体系方案编制按照如下步骤展开，见图 4-1。

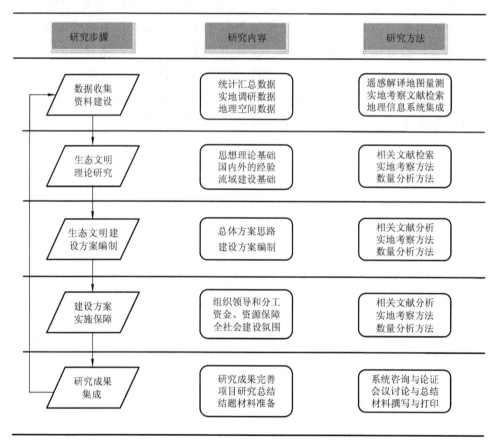

图 4-1　方案编制路线

（1）数据收集、资料建设。完善信息基础。通过遥感解译、实地调查、文献检索等途径，建设包括统计汇总数据、实地调研数据、地理空间数据等内容的专题数据库，为方案编制提供系统的资料基础。

（2）生态文明理论研究。对国内外关于生态文明与生态文明建设的概念内涵进行分析，界定洱海流域生态文明建设的地方化内涵。对中国以儒、道、佛 3 家为代表的哲学流派关于生态文明的论述进行总结，对国外生态伦理思想进行总结，为洱海流域推进实施生态文明建设提供思想基础。

（3）生态文明建设方案编制。根据国内外生态文明建设理论研究与典型经验，结合流域实际，重点从国土空间分区建设、资源节约利用、城乡环境保护、体制机制创新、生态文化建设等方面制定建设方案。

（4）建设方案实施保障。从建立坚强有力的组织领导、明确责任分工、建立政府为主、市场运作、社会参与的多层次、多渠道、多方位筹资机制及营造良好的社会氛围角度入手，设计流域生态文明建设保障措施。

（5）研究成果集成。对研究过程进行总结，撰写总体方案，通过科学论证、专家咨询等程序，吸收批评建议，准确呼应国家和地方需求，不断进行成果完善和研究总结，为研究成果转化厚植实践基础。

下篇 洱海流域生态文明建设实施方案

第 5 章　主体功能区划与分区建设方案

国土空间是流域生态文明建设的空间载体。科学划分流域主体功能区是实施生态文明建设的重要基础，其实质是要根据不同区域的资源环境承载能力、现有开发密度和发展潜力，将区域国土空间划分为不同的主体功能类型（樊杰 等，2013）。在明确各区域主体功能和现状特征的基础上，提出针对性的建设方案，以实现流域经济、人口布局向均衡化方向发展，推动资源环境承载力与城镇化、工业化发展相适宜，为流域水生态环境保护和资源利用划定基本框架。

5.1　国土空间主体功能区划分

5.1.1　指标体系

参考其他类似区域的区划方案，结合洱海流域实际情况，以国务院制定的《省级主体功能区域划分技术规程》为基础，确定洱海流域主体功能区划指标体系和指标计算方法。该体系由可利用土地资源、可利用水资源、环境容量、生态系统脆弱性、生态重要性、自然灾害危险性、人口集聚度、经济发展水平和交通优势度 9 个可计量指标组成。各指标的名称、基本功能、主要含义与计算方法，见表 5-1。

表 5-1　主体功能区划指标体系

指标名称	基本功能	主要含义	计算方法
可利用土地资源	评价一个地区剩余或潜在可利用土地资源对未来人口集聚、工业化和城镇化发展的承载能力	由适宜建设用地的数量、质量、集中规模三个要素构成，通过人均可利用土地资源来反映	人均可利用土地资源
可利用水资源	评价地区剩余或潜在可利用水资源对未来社会经济发展的支撑能力	由本地及入境水资源的数量构成，通过人均可利用水资源量来反映	人均可利用水资源

指标名称	基本功能	主要含义	计算方法
环境容量	评估地区在生态环境不受危害前提下可容纳污染物的能力	由大气环境容量承载指数、水环境容量承载指数和综合环境容量承载指数三个要素构成，通过大气和水环境对典型污染物的容纳能力来反映	大气环境容量（SO_2）、水环境容量（化学需氧量）
生态系统脆弱性	表征区域生态环境脆弱程度的集成性指	由土壤侵蚀要素构成，通过土壤侵蚀脆弱性等级指标来反映	土壤侵蚀脆弱性指数
生态重要性	表征区域生态系统结构、功能重要程度的综合性指标	由水源涵养重要性、生物多样性维护重要性等要素构成，通过要素重要程度来反映	森林覆盖率
自然灾害危险性	评估区域自然灾害发生的可能性和灾害损失的严重性的指标	由洪水、地质、地震等灾害危险性要素构成，通过要素的灾害危险性程度来反映	自然灾害危险性指数
人口集聚度	评估地区现有人口集聚状态的集成性指标	由人口密度构成，通过乡镇人口密度来反映	人口密度、人口流动强度
经济发展水平	反映地区经济发展现状和增长活力的综合性指标	由财政收入组成，通过人均财政收入规模来反映	人均财政收入、多年财政收入平均增长率
交通优势度	评估地区现有通达水平的集成性指标	由公路网密度、交通干线的通达度或空间影响范围和与中心城市的交通距离三个指标构成	公路网密度、干线节点技术等级、与中心城市距离指数

5.1.2　区划单元

由于 2010 年颁布的《全国主体功能区规划》考虑行政区划单元的级别与数量关系，在开展相关指标的现状评估时，以县级行政单元为基本单元。《云南省主体功能区规划》对区划单元进行下调和细化时，以县级行政单元为主，兼顾部分重点县城和重点小镇。考虑洱海流域实际情况、指标数据的可得性及建设方案的可操作性，本章进一步下调和细化区划单元，以乡、镇为基本单元。具体划分时，按照《全国主体功能区规划》和《云南省主体功能区规划》等上位规划，对流域一些乡镇的功能进行界定。

5.1.3　技术流程

洱海流域主体功能区划的技术流程，见图 5-1。首先，根据该流域相关的专题报告、政府文件、地方志、统计年鉴、统计公报、计划规划、专题图件等资料进行研究分析，利用地理信息系统（geographic information system，GIS）和遥感（remote sensing，RS）等技术提取空间数据，经甄别、筛选和匹配后建立数据库。然后，结合国家和省级主体功能区划方案的指标体系，根据流域实际情况调整核心指标的计量方法。其次，在单项指标评价的基础上形成覆盖全流域的综合评价指数（A 值），并根据此结果确定各乡镇开发与保护类型。最后，参考《全国主体功能区规划》和《云南省主体功能区规划》初步确定各乡镇的主体功能类型，再结合流域相关重大规划及政策方针对初步方案进行调整，得到最终的区划方案。

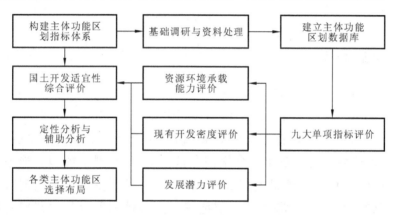

图 5-1　主体功能区划的技术流程

在上述技术流程中，对 A 值的计算分析是关键步骤之一。统筹考虑未来流域人口分布、经济布局、土地利用和城镇化格局，构建国土开发综合评价指数是一个基础步骤。对每一个乡镇行政单元的 9 项指标进行标准化分级打分，1 分为最低等级，5 分为最高等级。A 值的计算方法如下：

首先根据各指标关系将 9 项指标分为 P_1、P_2、P_3 三个类型。其中，第一类指标（P_1）包括人口集聚度、经济发展水平和交通优势度 3 项指标，表示了一个区域的经济社会发展状况。计算方法如下：

$$P_1 = \sqrt{\frac{1}{3}\left(\left[人口集聚度\right]^2 + \left[经济发展水平\right]^2 + \left[交通优势度\right]^2\right)} \quad (5\text{-}1)$$

第二类指标（P_2）包括生态系统脆弱性和生态重要性两项指标，以判断区域生态系统需要保护的程度。计算方法如下：

$$P_2=\max([生态系统脆弱性], [生态重要性]) \qquad (5\text{-}2)$$

第三类指标（P_3）包括人均可利用土地资源、人均可利用水资源、自然灾害危险性和环境容量 4 项指标，反映区域国土空间开发的支撑条件。计算方法如下：

$$P_3 = \frac{\min([人均可利用土地资源], [人均可利用水资源])}{\max([自然灾害危险性], [环境容量])} \qquad (5\text{-}3)$$

对 P_3 进行正弦变换得到标准化指数 k，并将其与 P_1 关联起来，以反映支撑条件对经济社会发展的约束强度。在以上计算的基础上，利用式（5-4），计算最终的国土空间开发综合评价指数 A：

$$A=kP_1-P_2 \qquad (5\text{-}4)$$

5.1.4 区划结果

对流域各乡镇 A 计算结果进行统计分析，确定各乡镇开发与保护的 A 临界值为−1.4。将 $A \geqslant -1.4$ 的乡镇划分为开发类型，$A < -1.4$ 的乡镇划分为保护类型。可以发现，在涉及洱海流域的 19 个乡镇中（其中太邑彝族乡、乔后镇、炼铁乡、西山乡 4 个乡镇部分涉及），开发型乡镇和保护型乡镇各分别为 9 个、10 个，结果见表 5-2。其中，开发型乡镇包括大理市的下关镇、大理镇、凤仪镇、海东镇、挖色镇、上关镇和洱源县的茈碧湖镇、三营镇、右所镇；保护型乡镇包括大理市的喜洲镇、湾桥镇、银桥镇、双廊镇、太邑彝族乡和洱源县的凤羽镇、乔后镇、牛街乡、炼铁乡、西山乡。

表 5-2 开发型与保护型乡镇划分

类型	县市	乡镇
开发型乡镇（9个）	大理市	下关镇、大理镇、凤仪镇、海东镇、挖色镇、上关镇
	洱源县	茈碧湖镇、三营镇、右所镇
保护型乡镇（10个）	大理市	喜洲镇、湾桥镇、银桥镇、双廊镇、太邑彝族乡
	洱源县	凤羽镇、牛街乡、乔后镇、炼铁乡、西山乡

在乡镇划分的基础上，按照国家和云南省相关规划，立足流域实际，结合专家系统分析，确定流域各乡镇主体功能类型，结果见表 5-3。显示洱海流域各乡镇主体功能类型有重点开发区、限制开发区和禁止开发区 3 种类型，没有优化开发区。

表 5-3 主体功能分区方案

主体功能类型		所在县市	乡镇单元
重点开发区		大理市	下关镇、凤仪镇、海东镇、挖色镇
		洱源县	茈碧湖镇
限制开发区	农产品主产区	大理市	无
		洱源县	三营镇、牛街乡、右所镇、凤羽镇、炼铁乡
	重点生态功能区	大理市	大理镇、银桥镇、喜洲镇、湾桥镇、双廊镇、上关镇、太邑彝族乡
		洱源县	乔后镇、西山乡（部分地区）
禁止开发区		大理、洱源	苍山洱海国家级自然保护区
		洱源县	洱源西罗坪自然保护区
		洱源县	洱源茈碧湖自然保护区
		洱源县	洱源罗坪鸟吊山自然保护区
		洱源县	洱源黑虎山自然保护区
		大理市	大理凤阳自然保护区
		大理市	大理蝴蝶泉自然保护区
		洱源县	洱源海西海自然保护区
		大理、洱源	苍山国家地质公园
		洱源县	洱源西湖国家湿地公园
		大理市	洱海月湿地公园
		大理市	才村湿地公园
		大理、洱源	大理风景名胜区（苍山洱海片区）
		洱源县	洱源西湖省级风景名胜区
		洱源县	弥苴河大理裂腹鱼种质资源保护区
		大理市	洱海一水厂
		大理市	洱海二水厂
		大理市	洱海三水厂
		大理市	洱海四水厂
		大理市	洱海凤仪水厂
		大理市	鸡舌箐五水厂

重点开发区：有 5 个乡镇划为重点开发区，分别是大理市的下关镇、凤仪镇、海东镇、挖色镇和洱源县的茈碧湖镇。

限制开发区：限制开发区包括农产品主产区、重点生态功能区 2 种类型。其中，流域有 5 个乡镇划为农产品主产区，均为洱源县国家级农产品主产区，分别为三营镇、牛街乡、右所镇、凤羽镇、炼铁乡。有 9 个乡镇划为流域重点生态功能区，分别为大理市的大理镇、银桥镇、喜洲镇、湾桥镇、双廊镇、上关镇、太邑彝族乡，以及洱源县的乔后镇、西山乡。

禁止开发区：参考《全国主体功能区规划》和《云南省主体功能区规划》，流域各级禁止开发区不细化到具体乡镇。各类禁止开发区合计为 21 处，其中自然保护区 8 处，地质公园 1 处，湿地公园 3 处，重点风景名胜区 2 处，水产种质资源保护区 1 处，城市饮用水源地保护区（水厂）6 处。

5.2　重点开发区绿色循环发展

5.2.1　区域特征

洱海流域重点开发区包括大理市的下关镇、凤仪镇、海东镇、挖色镇与洱源县的茈碧湖镇，区位条件较好，有一定的社会经济发展基础，具备较好的经济和人口集聚条件，是流域非农产业发展的"主战场"。"十一五"以来，该区域新型工业化进程加快，工业总量不断增加，工业结构逐步优化。与此同时，服务业总量持续增长。新兴服务业发展方兴未艾，交通运输、批发零售、住宿和餐饮等传统服务业发展态势良好，信息传输和计算机软件业、金融业、房地产业、科学研究与技术服务业、租赁和商务等现代服务业迅速发展壮大，对 GDP 增长贡献率逐年提高。

虽然重点开发区在流域国民经济中的作用日益突出，第二、第三产业发展空间聚集态势显著，"核心-外围"的空间结构已经形成。但产业结构层次总体偏低，传统产业部门比重较大，生产方式较为粗放，高耗能、高污染发展趋势还未从根本上扭转。第三产业特别是旅游发展的市场定位还不清晰，有待进一步完善。新形势下，必须根据经济发展实况和生态资源禀赋，以生产、生活的绿色化、循环化转型为抓手，加快提升传统优势产业，大力发展循环经济，推动绿色、循环发展理念成为社会共识，产业结构进一步优化升级，产业生态化发展战略得以确立并进一步优化调整，形成支撑全流域生态文明建设的经济基础。

5.2.2　绿色发展

绿色发展是在传统发展模式的基础上形成的一种创新，是建立在生态环境容量和资源承载力约束条件下，将环境保护作为实现可持续发展的一种新型发展模式。根据重点开发区实际情况，将经济活动过程和结果的"绿色化""生态化"作为绿色发展的主要内容和途径，主要实现路径有 4 个方面。

1. 树立生态工业发展模式

传统生产模式依靠一些补救的环境保护措施和"末端治理"办法，难以从根本上解决资源浪费和环境污染问题。而生态工业是以节约和高效利用资源、清洁生产、废物多层次循环利用为主要特征的一种工业发展模式，高效、循环和层级利用是其突出特点。为确保对生态工业内涵的理解和把握准确到位，要大力宣传生态工业发展模式，明确工作方向，其中的重要举措之一是设立生态工业经济发展专项资金。对积极采取新技术、新工艺、新设备等进行节能改造的企业给予奖励，鼓励企业进行节能技术改造，促进资源循环利用，引导企业不断改进生产经营方式，向生态企业转型。

2. 打造生态工业发展载体

第一，改造现有的旧式工业园。使一般意义上的工业园区提升为生态工业园是比较便捷的产业生态化路径。现有的一些工业园只是企业集聚的区域，而不是用生态学理念将企业联系起来实现物质流和能量流交换，从而实现零排放的封闭产业系统。如果不对这些园区进行生态意义上的改造，则可能成为新的污染源。改造旧的工业园区应主要贯彻清洁生产原则，并从企业之间的依存关系出发构建园内生态产业链，提高新入园企业的生态门槛，使其一开始就处于高起点，并在生态产业建设中处于有利位置。

第二，建设示范性生态工业园。建设示范性生态工业园区是快速推进产业生态化的重要形式和有效途径。按照产业集聚、用地集约、节能环保、功能配套、服务高效、持续发展的要求，引导园区优先选择符合产业政策、科技含量高、能源消耗低、环境污染少、带动能力强、劳动密集型的产业项目入园发展，实现"三废"集中治理和加工转化。制定资源生产率、资源消耗降低率、资源回收率、循环利用率、工业废弃物最终处置降低率等评价指标体系，对生态工业园区进行监控和评估。

3. 促进传统产业转型升级

一是加快淘汰落后产业。鼓励企业加大"能效对标"力度，对照国家产业政策和淘汰落后目录，利用先进技术对现有装备进行节能技术改造，提高企业装备水平，促进传统产业转型升级。鼓励企业按照国家节能惠民有关规定，采购国家财政补贴的高效机电设备。二是积极推进企业退城进园，抓好企业技术改造。充分发挥老企业嫁接改造投资少、见效快的特点，坚持不懈地推进企业技改扩能，实现快速膨胀、滚动发展。三是工业要严格控制兴建耗水量大和污染严重的建设项目，限制高耗水、高污染行业的发展。采取先进的生产工艺流程，实行计划用水和定额用水，提高工业用水的重复利用率和降低工业用水定额，提高水资源承载能力，进一步提高水价以限制其水资源消耗量，允许其用水权交易的方式向其他产业购买用水指标以实现产业结构优化升级和水资源配置的平衡。

4. 积极推动消费绿色转型

绿色消费是生态文明的重要表现形式，是一种全新的生活理念和消费方式。在当前居民环境和生态意识还比较淡薄的情况下，要实现绿色消费模式，必须采用系统论的观点。坚持生产与消费并重，并使政府有关部门、企业、消费者共同努力，形成可持续生产、绿色消费的和谐格局，构建具有地方特色的绿色消费经济体系。

对政府而言，立足生态环境优势和地方产业基础优势，积极推动实行生态绿色产品和地理标志产品认证制度，激励企业从事绿色产品、有效扩大绿色产品供给，构建具有地方特色的绿色产品生产-消费体系。扩大政府绿色采购范围和比例，优先选择"环境标志产品政府采购清单"和"节能产品政府采购清单"产品；实施绿色办公，构建系统性信息化无纸办公系统。

对民众而言，第一，加强引导。地方政府应当站在生态文明建设的高度上，加大宣讲力度，使城乡居民明确转变生活消费方式的原因及目的，了解低碳消费的必要性和重要性，促使城乡居民主动地加入转变生活消费方式的行动中来。同时，加快城乡地区基本公共服务建设，加大基础教育、医疗保健、公共交通等领域的投入，建立适量的垃圾回收站和集中处理中心，为城乡居民转变生活消费观念、改善生活消费结构和改变不健康的生活消费方式提供保障。

第二，强化教育。加强对城乡居民的生态消费教育，采取鼓励、教育宣传、舆论导向等措施，逐步引导城乡居民向节约、环保、健康的消费方式转化。一是继续发扬勤俭节约、艰苦创业的优良传统，倡导正确的消费理念。二是克服和抵制不文明的消费行为。减少人情消费和面子消费，不铺张、不浪费、不攀比，高效用、节约性消费。三是加强消费的计划性，避免消费的随意性和盲目性。家庭收入的安排要做到先生产、后生活，生产、生活两不误，搞活经济，提高收入水平，为实现生态消费奠定坚实的物质基础。

第三，推动实践。倡导绿色消费就要引导城乡居民在满足必要消费需求的前提下，追求消费质量的提高，鼓励条件适宜地区的城乡居民积极参与构建节能型的适度消费生活体系，减少对高资源消耗、高污染消费品的消费，从消费端减少对能源的直接消费和间接消费。

一是饮食消费。主要包括：①推广生态餐饮经营。经营者将餐饮生产和经营行为与生态观念充分融合，将种植业、养殖业和餐饮业相互整合统一，建立起功能完备、结构合理的生态链条和循环架构。例如，一些农家乐采取"前店、后园"式的操作模式。②严禁使用一次性用品。消费者少用过分加工及包装的食品、饮品，少用一次性制品，通过自备购物袋、餐盒、筷子等日常生活用品，尽可能优先选择环保节能产品，养成多次利用、重复利用资源的良好习惯。

二是服装消费。主要包括：①少买新衣。推行节俭的社会风尚，少买新衣。②鼓励传统工艺。继承和发扬民族特色，多穿采用原始、环保工艺制作的民族服装。③选择环保款式。多选择白色、浅色、无印花、小图案的衣服，这类衣服较少使用各种化学添加剂，更加环保和健康。④合理处理旧物。旧衣翻新，既可以避免衣物被闲置或者被作为垃圾焚烧，又可以增加衣物利用率，减少新衣添置。旧物利用，通过一定的处理，比如剪裁、缝纫等，将旧衣变成生活中所需的其他物品如抹布、墩布、口袋等，避免了新物品的购买。

三是住房消费。主要包括：①树立梯度消费观念。改变住房消费中普遍存在的贪大、求阔、超前、浪费的奢靡风气，树立居民一步到位、一房伴终身的消费观念，鼓励居民进行适度消费、合理消费，形成健康文明、节约资源的消费习惯。②关注绿色建设与改造。引导绿色民居发展，构建适应地域气候特点的传统民居绿色建筑模式，在流域内以家庭为单位建设节能环保型住宅，自住、待客两相宜。

四是交通消费。主要包括：①提倡绿色出行。对于城市居民，提倡步行、自行车与公共交通等绿色出行方式，积极响应"无车日"，减少交通能耗，改善城市交通拥堵与空气污染状况。②购置环保汽车。购车时除了关注安全性能等方面，还应关注环保型汽车，积极响应新能源政策，从长远考虑，了解环保型汽车的好处。③低碳旅游活动。建议本地居民尽量采用骑车、步行等绿色交通方式进行旅游活动。

5.2.3 循环发展

循环发展是指通过清洁生产和信息化及生态化设计，重构经济系统，使其按照自然生态系统的物质循环和能量流动规律，和谐地纳入自然生态系统循环的一种新型经济模式。它以资源高效利用和循环利用为核心，以"减量化（reduce）、再利用（reuse）、再循环（recycle）"为原则，把经济活动由传统的"资源—产品—消费—废弃物和污染物排放"的单向流动的线性经济改为"资源—产品—消费—再生资源"的闭环式物质流动，整个经济系统及生产和消费的过程基本上不产生或只产生很少的废弃物，最大限度地实现废弃物的"零排放"。

发展循环经济是缓解资源危机和保护环境的一次革命，它强调从源头上减少资源消耗、有效利用资源，减少污染物排放。在社会生产和消费过程中，谋求以最小成本追求最大的社会经济和资源环境效益，为工业化以来的传统经济模式转向可持续发展的经济模式提供了战略性的理论指导。实施循环经济应从以下 6 个方面入手。

1. 更新发展意识

首先，从资源经济转变为生态经济。循环利用不能理解为循环回到原点的闭合循环，而是一种循环发展上升的模型，是上一环节废物成为下一环节产品原料的结合。它的物质流、能量流是持续的、不间断的循环发展，体现了其生态特征。其次，从非生态效益型经济转变为生态效益型经济。自然、经济、社会三个规律要全面、协调、可持续发展，力求经济效益最大化。最后，从非环境优化型经济转变为环境优化型经济。要逐步优化环境，推行环境优化型经济模式，努力发展循环经济。

2. 推行清洁生产

清洁生产是企业层次的循环，是循环经济中的小循环，是指企业自身不断采取改进设计、使用清洁能源和原料、采用先进的工艺技术和设备、改善管理、综合利用等措施，从源头上削减污染，提高资源利用效率，减少或者避免生产、服务和产品使用过程中污染物的产生和排放，以减轻或者消除对人类健康和环境的危害。推行清洁生产，坚决淘汰落后工艺、技术、设备和污染严重的企业，严格执行环境准入制度，禁止资源消耗大、污染严重的项目，这将会取得长期、明显的环境经济效益。

3. 建立循环经济园区

循环经济园区是按照生态学原理,建立起工业或农业群落的物质集成、信息集成及区域内个体间副产品或废弃物的相互交换关系，形成生态产业链。可使有限的资源在区域内得以最大限度的循环利用，减少产品和服务能源的使用量。

建设循环经济园区，应寻求企业间的关联度，进行产业链接，搭好企业与企业之间的平台，建立起相关企业的生态平衡关系；培育出一批典型和亮点工程，通过以点带面，逐步构筑起循环产业体系，大幅提高资源利用率，建立可持续发展的循环经济模式。建设循环园区应以现有工业企业为框架，有选择地引进新项目，合理搭配，寻求系统之间通过中间产品和废弃物进行相互交换和衔接，逐步形成一个比较完整、闭合的循环工业网络，使园区内资源得到最佳配置，废弃物得到最有效利用，环境污染降低到最低水平。

可以与建设示范性生态工业园结合起来，积极推动试点工作。鼓励、引导相关企业申报循环经济示范企业,依托大型企业在资源(包括废弃物)、技术、设施上的优势，探索实现经济循环的有效途径，树立样板工程，以点带面，逐步带动洱海流域重点开发区经济发展的大循环，以取得长足的可持续发展。

4. 加强科技创新

加大科技投入，支持循环经济共性和关键技术的研究开发。积极引进和消化、吸收国外先进的循环经济技术，组织开发伴生矿产资源和尾矿综合利用技术、能源节约和替代技术、能量梯级利用技术、废物综合利用技术、循环经济发展中延长产业链和延长相关产业链接技术、"零排放"技术、有毒有害原材料替代技术、可回收利用材料和回收处理技术、绿色再制造技术，以及新能源和可再生能源开发利用技术等，提高循环经济技术支撑能力和创新能力。

通过科技创新，实施经济循环发展，从战略层面考虑，近期应尽快突破3大重点。首先，高污染行业的资源综合利用技术应尽快有所突破，尤其是造纸行业、食品行业、冶金行业、石化行业等"三废"的综合治理和利用技术，可以投入必要的资金和研发力量，争取获得具有自主知识产权的重大成果，促进这些行业的技术进步，减轻其继续发展对流域整个环境负荷的压力。其次，农业方面源污染控制技术要尽快有所突破，力争扭转大面积农产品污染超标的状况，改善广大居民生活质量，遏制部分地区农业生态环境质量的继续恶化。第三，与城市居民生活息息相关的节能、节水、生活垃圾处理等技术要尽快有所突破，改善这一消费能力最强群体的资源利用模式，有效推进资源节约型社会的建设。

5. 健全政策体系

与时俱进地研究并制定适应新形势的政策体系，如财政、税收、金融、产业等政策，引导当地企业注重资源利用效率的提高和环境的保护，促进循环经济体系的形成和发展。借鉴国内外先进地区经验，依据国家相关法规安排，结合流域实际情况，逐步建立和完善循环经济发展的相关法规、政策、办法。特别是，制定优惠的资源再生和回收利用经济政策。地方人民政府可以设立一些具体的奖励政策和制度，重视和支持那些具有基础性和创新性、并对当地企业有实用价值的资源开发利用新工艺、新方法，通过减少资源消耗来实现对污染的防治，如可以在洱海设立资源回收奖励制度，以鼓励市民回收有用资源的积极性。

另外，在可行范围内，制定出特别的税、费政策。如税收减免政策、特别退税政策，利用税法条款来推动企业清洁生产技术的开发和应用，对采用革新性技术的企业，实行快速折旧政策。此外，学习国外采取的回收利用经济政策，如征收生态税、填埋和焚烧税、新鲜材料税等。地方人民政府可以对废弃物的资源化采取收费政策，废弃者应该支付与废旧家电收集、再商品化等有关的费用。从当地居民水费中征收一定的污水治理费，污水治理没达到要求的企业要承担巨额罚款。

6. 发展中介组织

充分认识社会中介组织在促进资源循环利用中可以发挥政府和企业无法发挥的作用。建立专门处理包装废弃物的非营利性社会回收中介组织，由产品生产厂家、包装品生产厂家、商业企业及垃圾回收部门联合组成，内部实行少数服从多数的表决机制。政府除对该组织规定回收利用任务指标并对它进行法律监控外，其他方面均应按市场机制进行。

建立废品回收情报网络，专门发行《旧货信息报》，介绍各类废旧物的有关资料，使群众、企业、政府形成一体，通过沟通信息、调剂余缺，推动垃圾减量运动的发展。加强地方人民政府与准政府机构、环境网、当地大学的联系，引导他们参与政策的研究、法规的制定、理论的探讨和工作的推行；要注意发挥社区组织的作用，协助政府贯彻实施经济政策。

洱海流域重点开发区绿色、循环发展主要内容，见表 5-4。

表 5-4　重点开发区绿色、循环发展主要内容

名称	主要内容
绿色发展	通过设立生态工业经济发展专项资金等途径树立生态工业发展模式，改造现有的旧式工业园、建设示范性生态工业园等途径，打造生态工业发展载体，促进传统产业转型升级。在以身作则的基础上加强引导、强化教育、推动居民在饮食、服装、交通等方面的消费绿色化，构建具有地方特色的绿色消费经济体系
循环发展	从更新发展意识、推行清洁生产、建立生态园区、加强科技创新、健全政策体系、发展中介组织等方面推进循环经济发展

5.3 农产品主产区农业生态化

5.3.1 区域特征

洱海流域的农产品主产区集中位于洱源县，包括该县的三营镇、牛街乡、右所镇、凤羽镇、炼铁乡的部分地区，均属于国家级农产品生产区。这些区域具备较好的农业生产条件，以提供农产品为主体功能，以提供生态产品、服务产品和工业品为辅助功能，在国土空间开发中要限制进行大规模、高强度工业化和城镇化开发，以保持并提高农产品生产能力。近年来，这几个乡镇的农村经济快速发展，主要农产品产量大幅增加，一直是流域重要的粮食和农产品生产基地之一。特别是，粮食、无公害蔬菜、特色水果、乳牛等农业主导产业规模不断扩大，特色产业进一步向优势农产品产区规模化集中发展。农业综合生产能力显著提高，农业生态环境建设不断加强，是流域粮食、畜牧等产品生产的主要载体。

5.3.2 转变农业生产方式

毋庸置疑，总体上现阶段流域农产品主产区的农业发展水平、生产方式和经营机制总体较为落后，并面临农业用水短缺的制约。长期的高强度耕作引发土壤肥力下降，过度的化肥和农药依赖带来严重的农业面源污染。因此，未来该区域农业生产环境改善应坚持防治为主、控制辅助，以规模化为手段、集约化为目标、生态化为方向，着力转变农业生产方式，重点发展"农养牧，牧增肥，肥改地，地增粮"的农牧复合型生态农业，从源头上控制农田面源污染，减少洱海湖泊污染。

1. 生态农业发展模式创新

生态农业在该区域已有所尝试，但大范围的开展亟须创新发展模式，需要按照农业内部各产业的投入产出关系，种植业、畜牧养殖业和农副产品加工业内部的物质和能量关系，构建各产业之间和多产业之间的闭合链条。主要做法包括：种植业—养殖业—废弃物资源化—种植业链条、种植业（养殖业）—农副产品加工业—废弃物资源化—种植业（养殖业）链条、种植业—养殖业—农副产品加工业—废弃物资源化—种植业（养殖业）链条，等等。

2. 推进生态农业科技创新

推进生态农业科技创新，发展"高产、高质、高效"的生态农业，离不开科学技术的支撑。首先，对比较成熟的新技术要有计划地逐步推广，大力推广旱作农业集成技术、立体化种植技术、化肥配方施肥技术、设施农业生产关键技术、病虫害防治技术、农产品加工废弃物的资源化利用技术、环境污染生物修复技术及节水农业技术等；其次，要研究制定生态农业评价指标，建立生态农业监测与评估体系，对生态农业建设进行定期和不定期的监控与评估；最后，各级政府要增加对生态农业项目研究的经费资助，发展循环型农产品加工项目，以及农产品加工废弃物回收、资源化项目，加快推进生态农业。

3. 加强生态农业信息建设

农业生态化的发展必须有强大的信息支撑做后盾。首先，要发挥政府的组织协调职能，统一规划、统一部署、统一组织农业信息网络基础设施建设，建立健全农业信息服务系统和服务机构，开发利用农业信息资源，最大限度地减少或避免重复建设和无限度的资源消费，实现农业信息资源的共享；其次，要积极推广农业信息化技术，加快流域农业数据信息库的建设步伐。由于农业信息量大，涉及农业、农机、水利、气象、土地等诸多部门，需把分散的农资、农技、农产品市场、农业政策法规等数据按不同目的进行有序的分类、集成，并予以及时更新，使信息资源可以得到更加方便而快捷的利用，为农业生态化服务。

4. 构建生态农业文化旅游区

该区域自然、人文旅游资源丰富且保护较好，发展态势良好，可以此为契机，从保护生态资源的整体规划传统农业发展格局，构建一个集现代知识理念、现代社会生活方式与传统农村生活方式融为一体的农业生态文化旅游区，建立一批现代科技成果与传统农业技术、大理乡土民情相结合的旅游观光点，如观光果园、休闲农庄、观光畜牧业等，把旅游业与农业结合起来。

5.稳定发展粮食生产，推动建立特色农业基地

以国家启动实施全国新增千亿斤粮食生产能力建设为契机，严守基本农田底线，开展中低产田地改造，确保粮食种植面积；推广增施有机肥、测土配方施肥等技术措施，有效提高耕地质量；推广粮食良种、规范间套种等技术措施，有效提高单产水平；加强农业基础设施建设，有效提高农业抗御自然灾害能力；加强粮食生产基地建设，有效提高综合生产能力；发挥地区优势，推动绿色蔬菜种植、薯类产业、特色水果产业等特色农业基地建设，强化特色农业的空间聚集。

5.3.3 优化农业生态系统

伴随着自然环境变化和人类干预增强，该区域部分地区农业生态系统结构失衡、功能退化。增强自然环境系统与社会经济系统的同化作用，提高农业系统生产力，是未来生态环境改善和生态系统可持续发展的关键环节。具体可从6个方面着手：①部分区域中高山生态脆弱，植被、景观破坏严重，应加强封山育林、育草，使其继续发挥涵养水源和调节小气候的功能；②在宜林地、宜牧地植树、种草，使土地资源在合理利用的基础上改善生态环境；③对大于25°的坡耕地退耕还林、还草，治理水土流失，优化农业用地结构；④加强小流域生态环境的建设，使小流域生态、经济、社会沿着良性循环的方向发展；⑤加强农田防护林和"四旁"林的建设，创造环境优美的生产、生活环境；⑥加强以农田水利为重点的农业基础设施建设，努力推进雨水集流工程建设；增加地膜覆盖、塑料大棚、日光温室等设施农业的面积，依靠科学技术发展生态高效农业；继续推行"坡改梯"农田建设，遏制水土流失；加强渠系的水泥硬化建设，推广喷灌、滴灌等节水灌溉技术，提高水资源和渠系的利用率，发展节水型灌溉农业。

5.3.4 调整农业生产结构

1.调整农业经济结构

合理确定种养结构、粮经比例与品种结构，大力发展农村第二、第三

产业尤其是独具浓厚大理民族风情特色的旅游农业、休闲观光农业、现代商贸服务、生产性服务、民族文化等第三产业；因势利导，着力发展高原特色优势产业，着力打造无公害农产品、绿色食品、有机食品与特色高原高效生态农业、标准化农业、清洁农业等，力保农产食品质量安全。

2.调整农业空间结构

不同的自然环境条件所适应的农作物不同，因此要根据区域现有的基础和条件，因地制宜，集中生产所能生产的最佳农副产品，尽快建成富有区域特色的、集中度高的、适销对路的农产品专业化生产基地，以形成基地规律优势和区域比较效益，获取较大的交换价值。对生态环境敏感的河谷传统农业区，着力实施空间转换，将粮食生产功能集中转移至坝区平原，以经济作物和林果培植置换粮食生产，有效保护生态环境。

3.调整农业技术结构

改变农业生产方式的关键就是调整农业技术结构，即要在农业生产过程中大力推广环境友好型的农业生产技术，以提高技术进步在农业增长中的作用。

第一，提高资源利用效率，即实施平衡施肥技术替代，以测土配方减少化肥施用量，以有机化肥施用减少无机化肥污染，推广秸秆还田、提高土壤肥力。

第二，实施有机农药替代技术，大力推广生物农药使用，严禁使用有毒、高残留农药。

第三，实施节水灌溉技术替代，以喷灌、滴灌技术逐步取代大水漫灌，减少农药、化肥流失。

第四，实施农作、绿肥或豆科作物轮作、适宜乡土中药材或花卉果园套种等技术，降低农药、化肥施用量，有效减少农田污染。

第五，坚持规模化养殖与资源化利用相结合，控制畜禽粪便蔓延。统一规划农村畜禽养殖业发展，重点支持集中式圈养和规模化养殖，力避畜禽粪便散布田野；大力实施大中型沼气振兴工程，推动畜禽粪便资源化利用。

第六，坚持生物技术与农艺措施相结合，实施生物技术替代，提高农业资源利用效率。充分利用国家加大对农机购置补贴力度的有利条件，切实做好农机推广应用工作，实施机械技术替代，提高农业劳动生产效率。结合特色、优质林果产业发展，努力实现农业生产环节的适度机械化作业。

4. 建设农业综合服务体系

积极发展以公益性农技推广为主导、专业性服务组织为主体、各类农民合作经济组织为基础的农技、农机、畜牧兽医技术社会化服务体系；继续实施现代农业高技术产业化项目，培育成立科技含量高的现代化农业产业示范园区，大力提高农业科技创新和技术转化能力。加快建设蔬菜、粮油、花卉、水果和畜禽交易的专业批发市场，支持大型连锁超市和农产品流通企业开展农超对接，构建开放统一、竞争有序的农业市场体系。健全农业信息管理服务机构，整合涉农信息资源，形成集信息采集、加工、发布、服务于一体的农业信息服务体系；加强农产品产地安全监测，健全农业地方标准体系；初步建立农产品生产可追溯制度，全面提升农产品质量。加快培育市场主体，创新农业经营体制机制，探索"生产基地+科技示范+专业市场"三位一体的特色农业发展模式，构建"专业合作社+基地+农户"的农业经营模式，形成产供销一条龙的产业链。

5.3.5 推动农业清洁生产

积极调整作物种植结构，限制种植高耗水作物，大力发展节水灌溉。目前由于水利工程老化、建筑物严重失修、灌溉标准低、配套差、灌溉技术落后等问题，农业灌水浪费现象依然存在。而流域农业是用水大户，农业节水的潜力相当大。因此，大力推进节水型农业，扩大节水面积，提高灌溉水利用系数和水分生产率，将是提高流域水资源承载能力的有效措施。

主要实施路径包括：推动农业清洁生产，控制化肥用量，推广应用有机肥替代和测土配方平衡施肥等绿色生产技术；控制农药用量，推广应用低毒低残留农药；控制农膜用量，推广应用可降解农膜；积极推行农业标准化生产，开展"三品一标"——无公害农产品、绿色食品、有机食品和农产品地理标志基地建设。推动农业循环发展，构建种-肥、种-养、养-

种、养-工循环产业链。以洱源生态农业示范县建设为基础，以西湖万亩湿地建设为示范、为抓手，加强农业面源污染综合治理。坚持减防与控制相结合，实施产品结构调整、空间结构调整、技术结构调整三位一体，系统防治农业面源污染，从源头上减少污染产生。实施生活污水、生活垃圾、畜禽粪便综合治理，控制村落污染蔓延，减缓农田环境污染。

洱海流域农产品主产区环境治理主要内容，见表 5-5。

表 5-5　农产品主产区农业环境治理主要内容

名称	主要内容
转变农业生产方式	从创新生态农业发展模式、推进生态农业科技创新、加强生态农业信息建设、构建生态农业文化旅游区、稳定发展粮食生产、推动建立特色农业基地等方面着手，着力转变农业生产方式，重点发展"农养牧，牧增肥，肥改地，地增粮"的农牧复合型生态农业，从源头上控制农田面源污染
优化农业生态系统	加强封山育林、育草，坡耕地退耕还林、还草，治理水土流失、加强小流域生态环境的建设、加强农田防护林和"四旁"林的建设、加强以农田水利为重点的农业基础设施建设，发展节水型灌溉农业等
调整农业生产结构	调整农业经济结构，合理确定种养结构、粮经比例与品种结构，大力发展农村二、三产业；调整农业空间结构，因地制宜对生态环境敏感的河谷传统农业区实施空间转换，将粮食生产功能集中转移至坝区平原，以经济作物和林果培植置换粮食生产；调整农业技术结构，提高资源利用效率，实施有机农药替代技术、节水灌溉技术替代技术、农作、绿肥或豆科作物轮作、套种等技术，坚持规模化养殖与资源化利用相结合，控制畜禽粪便蔓延；坚持生物技术与农艺措施相结合，实施生物技术替代，提高农业资源利用效率；建设农业综合服务体系。积极发展以公益性农技推广为主导、专业性服务组织为主体、各类农民合作经济组织为基础的农技、农机、畜牧兽医技术社会化服务体系，形成产供销一条龙的产业链
推动农业清洁生产	推广应用有机肥替代和测土配方平衡施肥等绿色生产技术；推广应用低毒低残留农药；推广应用可降解农膜；积极推行农业标准化生产，开展"三品一标"；推动农业循环发展，构建种-肥、种-养、养-种、养-工循环产业链；实施产品结构调整、空间结构调整、技术结构调整三位一体，系统防治农业面源污染，控制村落污染蔓延

5.4 重点生态功能区生态保护

5.4.1 区域特征

重点生态功能区是指生态系统十分重要、关系较大范围区域的生态安全的区域，但目前生态功能有所退化、资源环境承载能力较弱、生态环境问题比较严峻，需要在国土空间开发中限制进行大规模、高强度工业化和城镇化开发，以保持并提高生态产品供给能力的区域。在洱海流域，重点生态功能区主要包括大理市的大理镇、银桥镇、喜洲镇、湾桥镇、双廊镇、上关镇、太邑彝族乡，以及洱源县的乔后镇、西山乡的部分地区。

5.4.2 加强自然生态修复

对流域重要生态功能区的生态环境保护，应立足自然生态基底及特征，明晰主要生态功能类型、强化生态功能分区，强化对核心生态功能区的强制性保护和修复。例如，在生态功能红线一级管控区内，严禁一切开发建设活动，有序引导生态移民，结合国家关于自然保护区和天然林资源保护工程管理实施要求，规划实施封山育林、封山禁牧，继续实施退耕还林、还草、环湖，丰富生态结构，提升生态功能。在生态功能红线二级管控区内，严禁有损生态主体功能的开发建设活动，建立有效的产业退出机制，促进"压力企业"外迁或关闭；实施积极的人口退出政策，引导农村人口向城镇有序转移；严防周边污染向生态红线管控区扩散。针对部分生态系统结构受损、功能退化严重的主要生态单元，科学实施生态修复工程，优化系统结构、提升系统功能，构建生态林业、生态农业、生态旅游三位一体、有机结合的生态结构体系。在确保湿地生态功能的前提下，探索生态湿地产业化开发的有效途径，创新"以湿养湿"长效机制，促进湿地生态系统良性循环。

5.4.3 加强生态管护制度建设

强化意识。强化生态意识，明晰生态服务方向，构建"法规约束、规划引导、政策纠偏"三位一体制度体系，奠定生态单元管护基础。

法规约束。总结推广经验，构建生态空间保护法规体系，重点制定流域生态功能红线管理条例，配套完善基于重点生态功能单元的分类管理法规。

规划引导。编制流域生态功能红线管控规划，重点提出分级分类管控措施及支持政策体系。政策纠偏。以流域生态功能红线管控规划为依据，区分不同重要生态功能区类型及管控等级，制定人口发展、产业发展等支持-限制政策，重点完善生态补偿和转移支付办法。

同时，创新生态环境保护管理体制和实施机制，构建基础技术支撑、专业队伍主导、监管机制保障能力结构，提升管护水平。加大基础技术支撑。综合应用"3S"技术，加强属性数据和空间数据集成，建设生态空间基础数据库；综合运用网络信息技术，规范布局监测网点、无缝畅通传输线路，建设流域重点生态单元动态监测系统；综合运用空间可视化技术，有效对接基础数据库和动态监测系统，实时模拟和预测流域生态空间及主要生态功能单元变化，建设流域生态环境综合管理平台。

5.4.4　加强重点区域保护

发源于苍山东坡的十八溪是洱海湖泊的水源地，同时也担负着流域生产、生活用水重任。近年来，苍山十八溪截流严重，非法挖采大理石突出，植被、景观破坏严重，旅游组织尚未成体系，群众墓葬乱建乱占，管理机构不完善等问题严重影响了水源产出能力。

第一，移风易俗推进殡葬改革。由大理市、漾濞县、洱源县人民政府协同制定和完善苍山殡葬改革方案，加强宣传和引导，鼓励火葬和生态安葬；加大殡葬执法力度，严肃查处和打击圈地建坟、立活人墓、超规格建坟和修坟、私下买卖墓地和公墓建设"剃光头"等破坏苍山景观和生态环境的行为；鼓励、支持佛教界定点修建结缘塔，用于存放骨灰，减少墓葬用地。

第二，规范大理石开采行为。制定和完善苍山大理石开采综合整治方案，加强日常巡查巡护力度，加大对乱采滥挖大理石等违法行为的打击力度。大理白族自治州人民政府将苍山东坡打击偷挖盗采大理石工作纳入洱海流域保护管理工作中，并按照相关程序列入洱海治理考核范畴，明确相关部门和人员的责、权、利。

第三，强化宗教场所管理。在苍山保护区内原则上不再批准设立对外开放的宗教活动场所。现有宗教活动场所内确需改建、扩建的，除按《宗教事务条例》《中华人民共和国自然保护区条例》《风景名胜区条例》《云南省大理白族自治州苍山保护管理条例》严格审批外，还须征得生态环境部门的同意。同时，苍山适度开发中若涉及与宗教相关的项目，应首先由宗教管理部门出具意见，切实保护宗教界的合法权益。

第四，开展花甸坝生态保护。由大理白族自治州或大理市安排专项资金开展苍山资源本底专项调查，重点开展花甸坝专项保护治理工作，逐步杜绝过度放牧和滥垦乱伐行为，对高山草场进行季节性封育和改良。同时，为加强花甸坝的管护力量，由大理市以政府购买服务的方式将花甸坝农场职工纳入政府购买服务的范畴，组建专业巡护队。对珍稀濒危物种开展就地保护、近地保护和迁地保护等工作，开展专类园和迁地保护基地建设工作。

第五，加强管理队伍建设。将大理白族自治州苍山保护管理局监察大队机构单列成立单独的监察大队，适当增加人员编制，大理市、漾濞县和洱源县3县市苍山保护管理（分）局增设监察中队，适当增加人员编制。加大资金投入，尽早完成三县市基层管护站（所）建设，力争尽快实现苍山管护全覆盖。三县市管护站的工作人员实行政府购买服务，聘用人员控制数由三县市机构编制委员会办公室核定。

洱海流域重要生态功能区保护方案计划主要内容，见表5-6。

表5-6　洱海流域重要生态功能区保护方案计划主要内容

名称	主要内容
加强自然生态修复	立足自然生态基底及特征，明晰主要生态功能类型、强化生态功能分区，应加快划定并严守生态红线、强化对核心生态功能区的强制性保护和修复
加强生态管护制度建设	强化生态意识，明晰生态服务方向，构建"法规约束、规划引导、政策纠偏"三位一体制度体系，奠定生态单元管护基础。法规约束、规划引导
加强重点区域保护	移风易俗推进殡葬改革；规范大理石开采行为；强化宗教场所管理；开展花甸坝生态保护；加强管理队伍建设

5.5　禁止开发区生态空间管制

洱海流域的禁止开发区主要指依法设立的各类自然文化资源保护区域，包括世界自然文化遗产、国家级森林公园和湿地公园、国家级和省级地质公园和风景名胜区、国家级和省州级自然保护区等，以点、片状分布于各类主体功能区中。

5.5.1 区域特征

洱海流域禁止开发区生态单元类型多样，在自然保护区、风景名胜区、饮用水源地、森林公园、湿地公园、地质公园和物种资源保护区等均有分布。但是，各类自然生态单元地域边界不清晰、管理体制不统一、管护措施不到位，显著降低了生态服务效益。未来流域的生态单元管理应在加强统筹保障、分类指导的基础上，明晰空间保护重点、强化单元保护结构，通过制度完善和能力建设强化生态单元管护，提高生态服务效益。

5.5.2 自然保护区与风景名胜区

1.自然保护区

按核心区、缓冲区和实验区进行分类管理。

第一，核心区内严禁从事任何生产建设活动；缓冲区内除从事必要的科学实验活动外，严禁其他任何生产建设活动；实验区内可以从事科学实验、教学实习、参观考察、旅游及驯化、繁殖珍稀、濒危野生动植物等活动，严禁其他任何生产建设活动。

第二，按核心区、缓冲区、实验区的顺序，逐步转移自然保护区人口。绝大多数自然保护区核心区应逐步实现无人居住，缓冲区和实验区也应较大幅度减少居住人口。

第三，在不影响主体功能前提下，对范围较大、核心区人口较多的自然保护区可保持适量的人口规模和适度的农牧业活动，并通过加大生活补助等途径提高居民生活水平。

2.风景名胜区

第一，严格保护风景名胜区内的景观资源和自然环境，不得破坏或随意改变。区域内的居民和游览者应当保护风景名胜区的景观、水体、林草植被、野生动物和各种设施。

第二，严格控制人工景观及相关设施建设。建设旅游设施及其他基础设施必须符合风景名胜区规划，逐步拆除违反规划的附属设施。

第三，在风景名胜区开展旅游活动，必须根据资源状况和环境容量进行，不得对景观、水体、植被及其他野生动植物资源等造成损害。

5.5.3　森林公园、湿地公园与地质公园

1. 森林公园

第一，除必要的保护设施和附属设施外，禁止从事与资源保护无关的任何生产建设活动。

第二，在森林公园内及可能对森林公园造成影响的周边地区，禁止进行采石、取土、开矿、放牧及非抚育和非更新性采伐等活动。

第三，建设旅游设施及其他基础设施必须符合森林公园规划，逐步拆除违反规划建设的设施。

第四，根据资源状况和环境容量对旅游规模进行有效控制，不得对森林及其他野生动植物资源等造成损害。

第五，不得随意占用、征用和转让林地。

2. 湿地公园

第一，对公园内有研究价值和保存价值的生物种群及其环境，应划出一定的范围作为生态保护区，严禁任何生产建设活动。

第二，保护湿地公园内动植物资源，严禁在湿地公园内破坏动植物资源。严禁在湿地公园内攀折砍伐花木、毁坏草坪、植被；保护湿地公园水域内的水生动植物，禁止擅自捕钓；在湿地公园内禁止放牧、狩猎等活动。

第三，积极开展湿地公益宣传，并兼顾周边社区的生态保护和经济发展，共同做好湿地资源的保护和利用工作。

3. 地质公园

地质公园内除必要的保护设施和附属设施外，禁止其他生产建设活动。在地质公园及可能对地质公园造成影响的周边地区，禁止进行采石、取土、开矿、放牧、砍伐及其他对保护对象有损害的活动。未经管理机构批准，不得在地质公园范围内采集标本和化石。

5.5.4 饮用水源地保护

饮用水源地包括提供城镇居民生活及公共服务用水（如政府机关、企事业单位、医院、学校、餐饮业、旅游业等用水）取水工程的水源地域，包括河流、湖泊、水库、地下水等。为满足流域城乡居民生活用水，当前洱海流域已经兴建了洱海一水厂、二水厂、三水厂、四水厂、凤仪水厂、鸡舌箐等五水厂。

第一，规范经济活动。禁止在水源地保护区的重要区域从事任何人为经济活动，严禁在水源地保护区内采沙、采矿及威胁水源地的一切活动；对水源地保护区内沙场、居民、工矿企业等，按照建设标准统一摸底后实施搬迁，清除一、二级保护区范围内的排污企业、建设项目和其他影响水源地安全的开发活动；严格限制工业企业和乡镇企业的发展，对有排放"三废"的已建企业要限期达标，凡是危及水源安全、污染严重的企业要坚决予以关停。

第二，严格土地审批。加强土地管理，控制保护区内现有非农用地规模，不致继续无序蔓延，禁止任何取水和与水源保护相矛盾的土地利用。合理置换保护区内的部分居民和工业企业，置换后种植草皮、灌木等多种生态植物，使一级保护区植被覆盖率达到80%以上，二级保护区植被覆盖率尽可能提高，有条件的可以实施生态湿地建设，建成以疏林草坡、湿地疏林、湿地花卉园等为主的生态带；扩建和完善水源地保护区内的环保设施，扩大其环境容量，土地利用方式应逐渐适应水源地保护的要求。

第三，健全保护规划。借鉴《云南省大理白族自治州洱海管理条例》加快制订和完善流域饮用水源地安全保障规划、备用水源地保护规划等，使水源地管理有法可依、有章可循。同时，制订有针对性的流域突发性水污染事件应急预案。如水源地保护区内水厂要制订突发性供水事故应急预案，上游敏感企业要制订突发事故应急预案，做到"一地一策""一厂一案"。另外，还应根据情况适时对各项预案进行修订，做到发生突发事件时，能够立即启动预案。有条件的地区，可以定期开展应急预案演练，切实提高应急保障能力。实行水源地行政首长负责制。水利、住建、生态环境等部门建立、健全水源保护联席会议、会商制度。完善现有的流域水环境管理的法律制度，确定流域管理与行政管理事权范围，明确法律责任。

第四，严格取水论证。根据水利部发布的《建设项目水资源论证管理办法（2017年修正）》，制定洱海流域建设项目水资源论证管理办法，严格水源地取水项目的水资源论证工作。对所有新建、改建、扩建建设项目需要取水的，必须严格进行水资源论证。特别是，与大理白族自治州发展和改革委员会、工业和信息化委员会等部门结合，切实将水资源论证作为项目审批立项的前置条件，凡是超用水总量控制指标的，一律不批准取水许可。

由于流域内上述禁止开发区多为分散的片状区，部分可借鉴南昌市圈层保护内涵，研究实施圈层保护模式。

第6章　流域资源节约与环境建设方案

6.1　资源节约利用

6.1.1　水资源节约利用

洱海流域有弥苴河、永安江、罗时江、波罗江、西洱河及苍山十八溪等大小河溪 117 条，有洱海、茈碧湖、海西海、西湖等湖泊、水库。流域工农业用水与城乡生活用水主要取自于上述河流、湖泊与水库。总体上看，流域水资源总量不足，人均量偏低，丰水期多集中于雨季（5～10 月），可利用水资源与人口、耕地资源空间匹配失衡，时空分配不均衡，总体上属资源型缺水地区。随着流域工业化、城市化的快速推进，水资源供求不均衡的矛盾日益突出，推进水资源节约利用是解决该矛盾的关键所在。

1. 用水总量管理

第一，科学划分用水总量控制对象。依据《中华人民共和国水法》和《取水许可和水资源费征收管理条例》相关规定，流域各级水行政主管部门应对纳入取水许可审批发证范围内的取水户的取水总量予以控制。取水户应包括各类生产、生活和生态环境取水户，在确定总量控制对象的基础上，依据相关法规和规划，提出总量控制的范围及目标。并根据水利部颁发的取水管理权限，对总量控制对象分级管理、分级负责。

第二，拟定用水总量控制原则。对水资源的管理要由原来的供水管理向需水管理转变。实行用水总量控制应当遵循统筹规划、科学配置、节约保护和水资源有偿使用的原则，推行需水管理，协调好生活、生产和生态用水，维持地下水采补平衡，促进人水和谐，保障水资源可持续利用。同时，国民经济和社会发展规划及城市总体规划的编制、重大建设项目的布局应当与当地的水资源条件相适应，并进行科学论证。

第三，分配用水总量控制指标。科学制定取用水总量和增量控制指标体系及年度用水计划。以水量分配方案和水资源综合规划为基础，遵循公平和公正的原则，充分考虑流域与行政区域水资源条件、供用水历史和现状、未来发展的供水能力和用水需求、节水型社会建设等要求，妥善处理上下游、左右岸的用水关系，协调地表水与地下水、河道内与河道外用水，统筹安排生活、生产、生态用水，建立覆盖流域的用水总量控制指标体系。

2.建立水权市场

积极建立、健全水权制度，并在此基础上培育水权市场，鼓励开展水权交易，运用市场机制合理配置水资源。培育水权市场工作主要包括在流域内水资源紧缺、生态环境脆弱、水事矛盾突出的北部农业地区，开展水权交易试点工作；探索水权流转的实现形式，将水权制度与用水总量控制制度及年度用水计划三者有机结合起来；根据区域水资源可利用量确定初始水权，探索制定水权转换管理办法，明确水权转换的条件和程序，指导取得取水权的单位和个人进行水权转换和有序流转。同时，探索跨行政区水权转让模式及多种水源的水权分配模式，以此达到流域用水总量控制管理的目的。

3.健全水价体系

通过水资源核算，建立、健全市场经济体制下的水价体系。遵循市场规律制定水价，体现价格杠杆作用。合理的水价不但可以保持供水工程的正常运行，还可以促进计划用水、节约用水，遏制用水浪费的现象。目前，在洱海流域水资源的开发利用中，水价体系不健全，用水价格偏低。在廉价的用水制度下，水资源浪费严重。因此，依据市场机制，按照不同地区、不同时间水资源供需形势、短缺程度和不同取水、用水性质，制定水资源价格标准和收费标准是完善水价体系的关键所在。

制定和改革水价，既要考虑水的本身价值、商品价值，又要考虑用户的经济承受能力，还要为有使用经营权的水资源生产部门和企业获得一定利润和进一步发展创造条件。这样，可在相当程度上抑制用水浪费、减少水污染，还可利用激励机制鼓励多开发水源、多供水和节约用水。加快水资源有偿使用工作的研究实施,可更好地保护水资源和提高水资源利用率。

4.加强取水监督

加强取水监督是一项系统的工作。对从水源地内取水单位和个人实行计划取水，限制地下水的开采量，做到先取地表水，后用地下水；严格取水量审批和水井工程建设审批；加强水源地水资源的统一规划，划分开采区和限制开采区，严格实行取水许可制；建立分散型供水系统，避免取水水源的过分集中；加大水资源费的征收力度，用经济手段调节取水量；加强取水许可监督管理工作，年初各取水户应报用水计划，下达用水指标，并按季进行考核，对超计划用水部分按规定累进制征收水资源费；实行取水许可证的年度审验，根据地下水动态的变化情况和工农业发展需要调整部分用水户的取水量。

5.推进产业调整

产业结构直接影响水资源需求量的多少，在不影响区域经济正常发展的前提下，对三次产业发展规模及经济结构进行合理调整，抑制高投入、低产出的产业、行业发展。

第一，农业要积极调整作物种植结构，限制种植高耗水作物，大力发展节水灌溉。目前，洱海流域由于水利工程老化、建筑物严重失修、灌溉标准低、配套差、灌溉技术落后等问题，农业灌水浪费现象依然存在。而流域农业是用水大户，农业节水的潜力相当大。因此，大力推进节水型农业，扩大节水面积，提高灌溉水利用系数和水分生产率，将是提高流域水资源承载能力的有效措施。

第二，工业要严格控制兴建耗水量大和污染严重的建设项目，限制高耗水、高污染行业的发展。采取先进的生产工艺流程，实行计划用水和定额用水，提高工业用水的重复利用率和降低工业用水定额。洱海流域的工业用水定额和重复利用率能够达到国际水平，水资源的承载能力将会大大提高。因此，流域的工业节水势在必行。

第三，重点发展以文化古都和自然山水为代表的旅游产业。对住宿和餐饮业中的酒店业，居民服务和其他服务业中的洗浴和洗车业，以及水利、环境和公共设施管理业，要进一步提高水价以限制其水资源消耗量，允许其用水权交易的方式向其他产业购买用水指标以实现产业结构优化升级和水资源配置的平衡。

6. 推广节水技术

加快节水技术的研发，推广和引进节水技术及设备。水资源利用效率的提高有赖于节水技术的发展和突破，尤其发展节水农业和节水工业。推进高耗水行业的节水技术改造，加快淘汰比较落后的高耗水工艺、设备及产品，大力发展、引进和推广先进节水技术；推广城市生活节水技术。如实施分质供水，加大中水回用比例，建立中水管网，推行污水处理厂中水回用工程；推广节水器具，减少用水浪费和供水损失。积极制定有利于提高用水效率和节水的政策及法律法规。

洱海流域生态文明建设中水资源节约利用主要内容，见表 6-1。

表 6-1   水资源节约利用主要内容

名称	主要内容
用水总量管理	依法对纳入取水许可审批发证范围内的取水户的取水总量予以控制；推行需水管理，协调好生活、生产和生态用水，制定取用水总量和增量控制指标体系及年度用水计划
建立水权市场	积极建立、健全水权制度，并在此基础上培育水权市场，开展水权交易试点工作，鼓励开展水权交易，运用市场机制配置水资源
健全水价体系	通过水资源核算，建立、健全市场经济体制下的水价体系
加强取水监督	计划取水，加强取水许可监督管理工作，动态调整部分用水户水量
推进产业调整	合理调整三次产业发展规划与结构，抑制高投入、低产出产业、行业发展
推广节水技术	研制和引进生产节水技术及设备，推广城市生活节水技术

6.1.2   土地集约利用

1. 坚守耕地红线

耕地是土地资源的精华部分，也是洱海流域稀缺性资源。近年来，随着经济社会的持续快速发展，优质耕地被占用、被污染现象越来越普遍，耕地资源面临的形势越来越严峻。切实加强耕地保护工作对推进流域经济社会持续健康发展有着重要的现实意义。

（1）提升耕地保护意识。通过新闻媒体、普法等多种形式，进一步加大对《中华人民共和国土地管理法》《基本农田保护条例》等法律法规和方针政策的宣传力度，不断提高洱海流域各级政府和社会各个方面对耕地保护工作重要性的认识，从而把思想和行动统一到科学发展观上来，统一到党中央、国务院关于保护耕地和提高粮食生产能力，落实最严格的耕地保护制度上来。正确处理保护耕地和保障发展的关系，真正把保护耕地作为硬任务，使经济社会发展建立在节约土地和保护耕地的基础上，实现发展和保护"双赢"。

（2）确保耕地占补平衡。把土地开发整理和建设用地复垦作为耕地补充的重要途径，实现流域耕地占补平衡。充分挖掘有限的耕地后备资源，在注重生态环境和保证耕地质量的前提下实施耕地垦造项目，推进高标准基本农田建设。积极推行建设占用耕地表土剥离工程，不断提高开发复垦整理新增耕地的质量，提高农业综合生产能力。从源头上强化规划和计划的调控功能，按照"区别对待、有保有压"的原则，合理安排用地指标，从紧控制新增建设项目占用耕地。

（3）建立耕地补偿机制。地方财政每年从新增建设用地土地有偿使用费中划出一定比例的资金，专项用于开展耕地保护工作。在先行试点的基础上，加快推进耕地保护经济补偿机制建设，灵活运用财政转移支付等经济手段，积极调动农民保护耕地的积极性，尤其要加强对高质量耕地的保护。国土、财政、农业、审计等部门要各司其职，密切配合，切实加强对各地的工作指导和监督。

（4）推进耕地科学利用。一是转型升级求节约。坚持科学发展，转变经济发展方式，推动经济结构的调整和优化，推进产业调整和升级，实现节约集约用地。二是科学规划求节约。通过土地利用总体规划修改调整，科学合理地配置土地资源的空间布局，确保土地资源得到高效合理利用。三是开发空间求节约。鼓励洱海地区建设项目向空中发展，合理开发利用城镇地下空间。四是强化监管求集约。加强批后监管，建立健全洱海建设项目用地开发利用全过程跟踪检查制度和建设项目竣工验收制度，加大对闲置土地处置力度，确保土地资源高效合理利用。

2. 加强用途管制

随着流域经济社会的发展，整个社会的利益主体日益趋向多元化，土地使用者往往出于自身利益的需要，采取一些追求短期利益、局部利益的土地利用方式。因此要求从经济社会可持续发展的大局出发，实施土地用途管制，对各类土地的用途做出明确的界定和限制。目前，随着流域土地法律法规的健全和各项改革的推进，全面实施土地用途管制的时机已经基本成熟。

（1）严格执行土地利用规划。土地用途管制的核心是依据土地利用规划对土地用途转变实行严格控制。必须以规划引导用地，严格按照洱海土地利用总体规划和基本农田保护规划，审批各项建设用地，不得擅自改变规划用途。在规划期内，规划区范围内的耕地，不得擅自转用和占用。国家重点建设项目确需占用土地的，应经法定程序修改规划后才能办理耕地转用手续。一般建设项目只能利用规划中的建设留用地，或者利用现有建设用地和闲置土地。

（2）完善土地利用管理。在查清洱海地区土地利用现状的基础上，建立完善的土地利用档案。通过土地利用现状变更调查、土地权属调查等手段，对流域土地利用情况进行动态跟踪管理，引进先进的管理模式，如格网化管理等。改变土地用途的，应当审查其是否符合土地利用总体规划，办理合法的批准手续，进行土地变更登记。未经登记其权利不受法律保护。开展土地证书年检，及时发现改变土地用途行为。

（3）实行土地供应方式多样化。根据洱海地区不同的土地用途，采取不同的土地供应方式，使用途管制制度通过经济手段得到落实。工业用地、原划拨土地使用权转让、国有企业改革中划拨土地处置及特殊用途土地，可协议出让。商业、旅游、娱乐、商品房等经营性用地，以追求土地资产效益最大化为目的，对土地使用条件没有特别限制的，应该拍卖出让；对土地用途或土地使用者资格有限制或特别要求的，可招标出让。

（4）严查土地违法行为。从基层土地执法情况来看，由于受经济利益驱使，一些用地单位和个人法制观念淡薄，不遵循土地利用总体规划，擅自改变原审批用途，私下转让炒卖土地等现象屡有发生，违法占用、破坏耕地的行为依然存在。少数单位和个人以工业、养殖业用地等名义低价获得土地后，未经批准改成商业、房地产等经营性用地，或者将集体土地直接用于经营性开发，获取巨额的土地差价，造成国有土地资产流失。对于通过改变用途非法获取土地收益的单位和个人，要没收其非法所得，并给予必要的经济处罚，同时要追究其相应行政和法律责任。

（5）建立土地利用公示制度。将土地利用总体规划的土地利用分区和分区内土地用途规定，向社会公众公开，对各类土地利用许可、限制的各种规定、规则也应公示，接受全社会对规划执行情况的监督，且便于群众举报各种擅自改变土地用途的行为。

3. 完善管理调控

（1）完善土地交易市场。在土地利用领域，市场机制可以促使土地使用者从自身的经济利益出发进行土地利用决策，对多余的、低效益的土地自行调整，从而有助于实现土地资源的优化配置，提高土地利用的经济效益。但土地市场的不完善、土地交易行为的不规范等原因都制约了市场手段发挥作用的程度和范围。完善洱海流域土地交易市场，首先要做好流域地价评估工作，及时修订和公布流域基准地价，完善流域范围内的地价体系；其次，加强对一级市场的管理力度，建立健全土地收储制度，尽力减少闲置土地。最后，加强对二级市场的调控力度，维护公平合理的市场秩序，提高市场交易效率。

（2）完善土地管理体制。现阶段土地交易市场结构的不完善、交易费用的昂贵、土地资源"公共物品"属性等原因的存在使"市场失灵"现象在土地市场时有产生，完全依靠市场手段很难使土地资源达到最优配置，也很难实现土地利用经济、社会和生态效益的协调统一。因此，必须将市场手段和政府调控有机结合。首先，科学编制并严格实施土地利用总体规划，发挥规划手段的职能。在制订和实施洱海土地利用规划过程中要体现流域土地利用目标，使局部利益服从整体利益、暂时利益服从长远利益。其次，严格执行用地审批制度，强化土地用途管制，发挥行政手段的职能。最后，加强土地立法、执法力度，建立健全流域土地管理法律体系，发挥法律手段的职能。

4. 加强规范流转

土地流转是指拥有土地承包经营权的农户以转包、出租、互换、转让等方式将土地经营权（使用权）让渡给其他农户或经济组织从事农业生产经营，即保留承包权、转让使用权。在洱海流域完善土地流转制度，加快土地流转，有利于解决人地矛盾和耕地抛荒问题，有效改善土地配置效率，提高土地利用效率。

（1）政策保障。贯彻执行土地流转法律体系，统筹流域土地市场，细化土地流转的操作规程。完善土地流转纠纷协调机制，建立流域土地纠纷仲裁机构队伍，完善基层组织的纠纷调解制度。建立土地确权机制，在基层政府引导下，由乡级国土资源所具体操作，对现有土地进行确权、颁证和登记。

（2）市场保障。进一步完善土地流转市场建设，合理准入新型农业主体，各部门、机构共同培育流转市场主体。同时，建立土地流转的价格指导机制，确定土地流转价格，选择合适的土地经营方。

（3）金融保障。推动多种担保方式，如关联公司保证担保方式、土地房产抵押担保方式等；加快信用环境建设，保障土地流转双方主体的利益，扩大征信信息覆盖范围，开展信用宣传活动，自觉引导双方树立守约意识。

洱海流域生态文明建设中土地集约利用主要内容，见表6-2。

表6-2　土地集约利用主要内容

名称	主要内容
坚守耕地红线	加大宣传，提升保护意识；合理安排用地指标，从紧控制新增建设项目占用耕地，确保耕地占补平衡；推进耕地保护经济补偿机制建设，全方位推进耕地科学利用
加强用途管制	按照土地利用总体规划和基本农田保护规划，审批各项建设用地，对土地利用情况进行动态跟踪管理；根据土地用途采取不同的土地供应方式；严查土地违法行为，建立土地利用公示制度
完善管理调控	发挥市场机制，完善土地交易市场；完善土地管理体制，引进格网化管理等先进经验，将政府调控与市场手段有机结合
加强规范流转	贯彻执行土地流转法律体系，建立流域土地纠纷仲裁机构队伍，完善基层组织的纠纷调解制度；建立土地确权机制，完善土地流转市场建设；推动多种担保方式，扩大征信信息覆盖范围

6.1.3　能源节约

传统的能源结构是工业文明的伴生物，被证明是导致当今环境及发展问题的重要原因，与生态文明形态不相容。总体上看，洱海流域的石油、天然气、煤炭的传统能源储量极少，水能、太阳能、风能和生物质能资源相对丰富。在生态文明形态下，流域能源资源节约应主要通过节约利用传统能源（节流）、积极开发新能源（开源）。

1. 节约利用传统能源

1）煤炭资源

近年来，按照《云南省煤炭资源整合方案》要求，洱海流域加大煤炭资源整合力度，煤矿整顿关闭不断推进，矿井数量逐步减少，煤炭开发管理质量稳步提高。

第一，加强规划，实现有序开采。对煤炭资源的后备储量要从技术上、经济上综合论证，强化整体规划，合理配置资源，实现有序开采。即使对现有生产矿井，也要加强储备监管，千方百计提高回采率，最大限度地减少资源浪费。

第二，发展洁净煤技术，提高利用效率。一方面应改进热机效能，提高热力管网效率；另一方面则要大力发展洁净煤技术，发展选煤、配煤和型煤技术；有条件的煤炭企业，还要逐步实施煤炭液化、气化工程，提高煤炭加工程度，增加产品品种，满足不同类型的用户要求，为资源的充分利用提供基础条件。

第三，利用先进技术和设备提高能源利用率。从实际出发，引进或采用国际、国内先进节能技术和设备，从硬件上为节约能源、降低损失、提高能源利用率打下基础。同时，对企业中已公布淘汰的机电产品、设备分期、分批改造或更换。煤矿掘进设备、通风设备、排水设备、提升设备、运输设备和锅炉是主要的耗能设备，也是节能降耗管理的重点。对高耗能设备要加强管理，严格按操作规程进行操作，合理组织生产，加强对设备的维护和保养，提高设备使用效能。

2）油气资源

当前，洱海流域生产、生活消费需要的石油液化气主要是从广西、四川等省区以罐装形式运来，成本高、价格贵、使用不便。并且，城市管道燃气、天然气汽车加气等项目建设远未形成网络化和规模化，尚不能完全满足生活、生产需求。因此，应积极配合国家的油气管道建设工程，增加流域的油气资源供应量，着手开展城市管网发展，对接和油气相关产业发展布局，完善油气输送管网及油气储备设施，做到超前谋划。

同时，加快完善油气输送储备体系和销售网络体系建设。配合云南省原有成品油供应渠道运输的需要，进一步完善成品油供应运输布局。加强成品油储备能力建设，支持配合国家成品油储备库，以及两大石油集团油库建设，增加总储量，形成具备保障能力的成品油输油管道和油库基础设施体系。

按照洱海流域成品油零售体系"十三五"发展规划，依托中国石油化工集团有限公司、中国石油天然气集团有限公司和大理中油能源有限责任公司新规划建设加油站，与现有加油站共同形成洱海流域成品油零售网络体系。加快编制城市燃气专项规划，完成城市主干管、新建道路主干管的铺设。

在不断完善硬件设施的同时，利用阶梯价格等调控手段，鼓励生产、生活领域的资源节约利用。

3）水能资源

流域中小河流众多，小水电开发具备较好的资源优势，但大部分水电无调节水库支撑，枯水期难以出力；电网建设相对滞后于电源建设，难以适应小水电开发的需要。

第一，科学开发中小型水电项目。坚持科学、规范、有序的原则，以规划为引导，强化管理，统筹协调中小水电开发严把项目准入，从严控制新开发中小水电，实施好中小水电改造提升工程。切实加强对小水电站建设的监督管理，积极组织开展防洪度汛、安全隐患排查治理等工作，确保小水电站建设项目安全生产、平稳发展，同时有计划、有步骤地对小水电站进行工程总体竣工验收，促进小水电站安全、稳定、可靠运行。

第二，完善农村地区水电电网建设。在农村偏远地区加快水电电网建设的完善，改变农村地区的能源使用状况。一是要尽快开展农村水电直供电片区电网改造工作，全面调查了解流域农村供电片区电网的基本情况，摸清存在的问题。二是积极与省级、州级相关部门沟通协调，落实相关政策和投资。三是组织编制流域农村水电配套电网改造工程规划及实施方案，提出农村水电配套电网改造工程的发展目标、工作任务、建设重点、建设方案和投资需求，对农村水电配套电网改造工程进行全面部署。

第三，加大本地水电的供应量。根据市场需求，按照就近直接消纳原则，积极争取云南电网公司给予洱海流域电价优惠的政策支持，将州内几个大型水电站所发电量以优惠电价满足大理市、洱源县的生活、生产用电消费，加快流域高效载能产业和工业园区的发展。积极探索中小水电分布式发展与载能工业发展相结合的途径，整合中小水电资源。

2. 积极开发新能源

1）推进新能源开发

第一，风能。根据《云南省风电场规划报告（2011年）》（征求意见稿），洱海流域有多个风电场列入省规划，可开发的风能资源容量大，是云南省风能资源适合开发地区之一，开发前景十分广阔。目前，洱海流域已建成投产的风电装机容量仅占规划容量的少数，应充分利用国家大力扶持新能源发展的有利政策，抓住风电开发成本下降、电力消费需求日益增长的有利时机，加快风电开发，同时超前规划和配套做好风电送出线路建设。

第二，太阳能。洱海流域太阳能资源也比较丰富，属于云南省太阳能辐射较强的地区之一，具有较高的开发利用价值。在稳步发展地面并网光伏电站的同时，大力发展屋顶和建筑一体化光伏发电项目。

第三，生物质能。洱海流域干湿季分明、光照充足，适宜于大面积种植生物质能原料植物，大量生产生物柴油和非粮燃料乙醇，开展生物燃料原料植物种植布局，支持和促进燃料乙醇和生物柴油项目生产。

2）引进和研发新技术

积极发展、应用先进适用技术，解决好流域风电、太阳能发电及并网。应用智能电网技术、风电开发生态环境修复与重建技术。发展集中型生物燃气制备、生物质固体成型燃料。吸引国内外新能源开发创新团队到大理开展研究示范。

重视能源人才培养，鼓励科研机构和企业加大能源技术研究、开发和成果转化工作力度，制定政策，增加投入，扶持发展。创新机制，加快培育以企业为主体、市场为导向、产学研相结合的科技研发。

3）推广新能源的使用

目前新能源的使用范围比较小，大部分生产、生活用能还是依靠传统能源。政府要通过价格优惠政策、税收政策、财政政策等手段鼓励企业使用新能源，不断完善新能源电网建设、鼓励新能源使用、推广新能源产品（包括新能源交通工具等）。

4）发展特色新能源产业

《云南省战略性新兴产业发展"十二五"规划》明确提出"大力推进太阳能光伏、风能开发利用，用 10 年左右的时间初步建立比较完善的新能源产业体系，将云南建设成为国家新能源发展示范基地"。这与国家能源局打造"新能源示范城"的决策不谋而合。洱海流域要抓住这个机遇，充分利用当地丰富的新能源资源，积极发展特色新能源产业。

第一，太阳能产业。一是光伏产业，产业内容集中于晶硅原料和单晶硅棒、多晶硅锭、硅片等领域，太阳能电池芯片及组件领域，以及光伏系统和应用产品领域。二是太阳能光热产业，重点发展太阳能高效集热器及其配套高保温储热装置等系统集成产品。

第二，风能产业。重点开展高海拔风光互补风电整机装备制造及风场建设，发展具有洱海流域特色与优势的高海拔风场和风光互补的风能发电系统；大力发展风电网建设及风电运输系统，研发极端条件和高原环境下的输配电成套设备与产品，大力开展风电网系统技术咨询服务。

第三，生物质能产业。联合流域从事生物柴油和乙醇制造的骨干企业、林业部门、高校和科研机构力量，建设生物质能产业化研发平台，建设生物柴油和燃料乙醇产业化示范基地，引导流域生物质能源产业的聚集发展。同时开展沼气的综合利用技术研究，建设大中型沼气发电工程示范项目，支持在规模化养殖小区、大型养殖场建设沼气发电站，并在流域逐步推广。

洱海流域生态文明建设中能源节约利用主要内容，见表 6-3。

表 6-3 能源节约利用主要内容

名称	主要内容
节约利用传统能源	加强煤炭资源规划，发展洁净煤技术，提高利用效率；积极配合国家的油气管道建设工程，开展城市管网建设，完善油气输送管网及油气储备设施；科学开发中小型水电项目，完善农村地区水电电网建设，整合中小水电资源；利用阶梯价格鼓励节约利用
引进、开发新能源	加快开发风能，发展地面并网光伏电站和屋顶、建筑一体化光伏发电项目；开展生物燃料原料植物种植布局，支持和促进燃料乙醇和生物柴油项目生产；加大新能源技术研究；发展特色新能源产业

6.1.4　矿产资源集约利用

矿产资源是洱海流域社会发展的重要物质基础之一。节约集约利用矿产资源、转变矿业发展方式是推进流域经济社会可持续发展和生态文明建设的必然选择。

1. 做好资源调查

坚持政府组织、行业支撑、企业主体，实施综合利用现状调查和潜力评价，力争用较短时间完成油气、煤炭、铁、铜、铝等重要矿产调查评价工作，为深入推进节约与综合利用工作和加强管理提供坚实基础。

（1）做好基础调查。按照省、州的相关规定，坚持统一组织、统一思路、统一要求、统一标准和统一进度，完成重要矿种的调查评价工作，查明开采回采率、选矿回收率及共伴生矿产综合利用率，查明低品位、难选冶矿、矿山固体废弃物和多金属尾矿等综合利用情况，了解矿山企业的新技术、新工艺和新设备应用和推广情况。

（2）评价利用潜力。在矿产资源综合利用现状调查的基础上，构建评价指标体系和评价方法，全面评价低品位、共伴生及尾矿资源综合利用潜力，明确工作方向和重点，引导综合利用工作的合理布局。采用先进的信息技术手段，建立矿产资源节约与综合利用现状调查信息数据库、形成流域重要矿产资源综合利用信息化管理平台。

2. 加大技术研发

加大政策引导和资金支持力度，鼓励行业骨干龙头企业与高等院校和科研院所合作，建设一批各具特色的产学研一体化平台，加强资源节约关键技术攻关，充分发挥行业协会的桥梁纽带和服务作用，加强对先进成熟技术和装备的交流与推广。

（1）开展关键技术攻关。引导、完善多元化投入格局，建立产学研联合攻关的矿产资源节约与综合利用技术研发体系，强化技术创新能力建设，以提高"三率"水平为重点，部署开展 8 大领域的技术攻关，研发一批具有自主知识产权的新技术、新工艺和新装备，提供一批可供推广的科技成果，提高矿产资源勘查、开采及选矿技术的整体水平。

（2）推广先进适用技术与装备。严格执行国家《矿产资源节约与综合利用鼓励、限制和淘汰技术目录》，全面推广安全高效采矿、矿产资源高效利用、尾矿及固体废弃物综合利用、矿山环境修复等技术，引导矿山企业在能源矿产、黑色金属、有色金属、非金属、矿山尾矿和废弃物综合利用等方面积极采用先进技术、工艺和设备，淘汰落后技术设备与落后产能，促进矿产资源领域节能减排和节约与综合利用。

3.建设示范基地

积极争取"加强和规范矿产资源节约与综合利用专项资金"推动建立矿产资源综合利用示范基地建设。继续组织实施矿产资源节约与综合利用专项，创新工作思路，建设一些矿产资源综合利用示范基地，在重点矿种、关键领域和重点地区取得突破性整体进展。实施一批示范工程，树立高效、绿色、安全、环保的先进典型，推广先进适用技术和科学管理模式，引导和带动矿产资源节约与综合利用水平的全面提高。

建设1～2个矿产资源综合利用示范基地。通过示范基地建设，整体提高开发效率和水平，盘活大批资源，提高供给能力；加强综合利用产、学、研一体化平台建设，推动采选及综合利用关键技术创新，加强标准规范、典型经验和生产管理模式的总结推广，示范带动同类型矿山综合利用水平的整体提高。

4.建立长效机制

加快健全完善标准体系、准入管理、过程监管、评估考核等矿产资源节约与综合利用监督管理制度体系和激励引导机制。

（1）健全完善标准规范体系。根据国家和云南省相关要求，要健全和完善矿产资源的地方性标准规范体系。如矿产资源综合利用评价规范、矿产资源节约与综合利用指标体系、尾矿处理技术要求、复合共生矿选矿综合回收标准、多金属共生矿综合利用评价矿床分类导则、矿山综合开采技术标准、尾矿利用技术要求、共伴生矿选矿回收标准、矿山生产技术规范及矿山选矿回收技术标准等规范标准研制工作。

（2）严格矿产资源勘查开发准入管理。根据国家和云南省相关要求，按照严格矿产资源综合勘查和综合评价的地质勘查报告和勘查方案评审制度，探矿权人在勘查主要矿种的同时，必须对共生、伴生矿产资源进行综合勘查和综合评价。对没有进行综合勘查和综合评价的地质勘探报告不予审批。将矿产资源开发利用效率作为勘查开发的重要准入条件，严格管理。认真执行《矿产资源节约与综合利用鼓励、限制和淘汰技术目录》，新建或改扩建矿山不得采用国家限制和淘汰的采选技术、工艺和设备，达不到要求的不得颁发采矿许可证，已采用限制类技术的，应督促企业加大改造力度，逐步淘汰落后产能。严格审查矿产资源开发利用方案，凡不符合矿产资源规划，没有综合开发利用方案或开发利用方案未实现资源综合利用的，不予批准颁发采矿许可证。严格控制高耗能、高污染、严重浪费资源和缺乏资源综合利用设计的矿山建设立项。

严格执行规划分区管理制度。对规划确定的具有资源保护功能的限制勘查开采区域，要加强矿产资源开发利用技术经济评价，对暂不能综合开采和综合利用的矿产及尾矿资源，要明确规模、技术、资金投入、资源利用效率的准入门槛，予以有效保护。坚决杜绝禁止勘查规划区和禁止开采规划区内的矿业活动。对重点开采规划区，要严格按照规划和矿业权设置方案，推进规划区内的矿产资源开发整合，提高规模开采和集约利用水平。

（3）加强矿产资源节约与综合利用监管和考核。加强矿产资源开采总量控制和管理，促进资源节约。认真执行矿山企业年检制度，强化对"三率"的监管与考核，确保节约与综合利用方案有效实施。首先，充分发挥执法监察队伍和矿产督察员队伍的作用，与国土资源综合监管平台相衔接，开展矿产资源勘查开发动态巡查和遥感监测，实施立体监管，加大对矿产资源节约与综合利用状况的现场督察。其次，加强储量动态监测、开发利用统计年报与开发利用方案核查，对未按批准的开发利用方案或矿山设计进行开采，或开采回采率达不到设计要求的，责令其停止生产、限期整改，对整改后仍达不到要求的，要坚决予以关闭。最后，完善矿产资源开发监管责任体系，建立多级联动的责任机制，加大基层监管组织资金、人员和技术投入，实行监管任务责任到人、监控到矿。

（4）建立矿产资源节约与综合利用激励引导机制。综合采用经济、技术、行政、法律等手段，建立促进矿产资源节约与综合利用的激励引导机制，鼓励和引导矿山企业通过加强管理和技术创新来提高资源节约与综合利用水平。

落实奖励措施和税费减免政策。采取"以奖代补"方式，对节约与综合利用取得显著成绩的矿山企业给予奖励，激励矿山企业推进科技进步，严格规范管理，不断提高综合利用水平。对从尾矿中回收矿产品、开采未达到工业品位或者未计算储量的低品位矿产资源，减缴矿产资源补偿费。积极配合有关部门，落实国家关于资源综合利用减免所得税、部分产品减免增值税、资源补偿费征收与回采率挂钩等政策法规，发挥引导和推进作用，充分调动矿山企业节约降耗、综合利用的积极性。

实行国土资源优惠政策。对资源利用效率高、技术先进的矿山企业在资源配置、开采总量指标分配上实行倾斜政策，依法优先提供矿业用地。

积极协调相关部门，加大财政资金支持力度，争取信贷金融支持。鼓励、带动矿山企业和社会资金加大投入，进行自主研发资源节约与综合利用新技术、新设备，加快产业升级换代，促进资源合理利用和节能技术进步，全面提高资源综合利用效率和水平。

洱海流域生态文明建设中矿产资源利用主要内容，见表6-4。

表 6-4　矿产开发利用主要内容

名称	主要内容
做好资源调查	完成重要矿种的调查评价工作，做好综合利用潜力评价工作，建立矿产资源节约与综合利用现状调查信息数据库和信息化管理平台
加大技术研发	加大政策引导和资金支持，建设一批各具特色的产学研一体化平台；发挥行业协会的桥梁纽带和服务作用，加强对先进成熟技术和装备的交流与推广
建设示范基地	加快矿产资源综合利用示范基地建设，实施一批示范工程，提高开发效率和水平
建立长效机制	完善标准体系、准入管理、过程监管、评估考核等矿产资源节约与综合利用监督管理制度和激励引导机制

6.2　城乡环境治理

6.2.1　城镇环境保护

流域城市、城镇生态环境保护在地域上主要指大理市区、洱源县城及重点小城镇区域。这些区域是流域的政治、经济、文化、人口中心，也是生态环境压力中心，人类活动干扰十分强烈，生产、生活性污染排放是导致流域大气环境、水环境、土壤环境破坏的重要原因。

1. 尽快划定城镇边界红线

优化城镇土地利用是保障城镇人居安全的基础工程，也是生态文明建设的基本要求。现阶段流域工业化、城镇化快速发展，建设用地增长迅速，城镇内部土地利用结构不尽合理，城镇型生态空间人居保障压力增大。

1）以"多规合一"划定城镇边界红线

选择大理市进行"多规合一"试点示范。以云南省和大理白族自治州相关规划明确城市发展方向，以城镇总体规划勾画城镇空间结构，以生态保护规划廓清城镇生态空间，以土地利用规划界定城镇发展边界，以空间理念统筹"三规"落地，以有机联系构造统一平台，并通过相关程序上升为地方法规，确保城镇边界红线不变更。

立足统一的空间规划平台，科学规划建设用地红线、水体蓝线、绿地绿线、历史文化保护紫线、市政公用设施黄线、公共服务设施橙线"六线"边界，实现"四规"操作空间"一张图"，有效控制城镇无序蔓延。

2）以空间管制坚守城镇边界红线

统筹"多规合一"实施保障，加强规划编制体系、规划技术标准和规划协调机制等制度建设，通过强化规划实施和管理，确保城镇边界红线不突破；优化城镇土地利用结构，严格控制生产建设用地，适度增加生活建设用地；优先供给生态建设用地，重点建设环洱海水系绿化廊道和环大理绿色隔离带，控制城镇无序蔓延；提高城镇土地利用效率，重点制定城镇建设用地效益指标，提高单位生产用地产出率和单位生活用地容积率，通过强化城镇土地集约利用，推动城镇经济社会与人口资源环境协调发展。

2. 继续加强城镇环境管理

未来洱海流域城镇环境管理应在对城镇环境质量进行科学监测和动态评估的基础上，加强环境基础设施建设、严格环境准入标准、控制新增环境污染，努力提高城镇人居健康水平。

1）完善环境基础设施

科学区分城镇污染物类型及污染源性质，构建城镇污染物处置技术体系，创新城镇污染物处置优化模式，强化城镇环境基础设施建设，为优化城镇人居环境奠定物质技术基础。

第一，以集中处理为主导，完善城镇污水处理设施体系。完善以污水处理厂为核心的城镇生活污水技术处理体系。科学预测城镇化发展，合理布局污水处理厂区位，前瞻设计污水处理能力。根据城镇住区建设规划精细布局排污管道，提高城镇生活污水处理效率。完善以工业园区为主体的城镇生产污水技术处理体系。以企业清洁生产为基础，以循环园区建设为重点，推动城镇生产污水循环利用和封闭处理，力争实现工业园区生产污水零外排。

第二，以分类处置为主导，完善城镇垃圾处理设施体系。完善城镇生活垃圾处理技术体系。明确生活垃圾分类标准，优化终端处理技术结构，以垃圾分类存储为起点，以垃圾分类转运为通道，以垃圾发电、垃圾填埋、垃圾制肥为终端，构建多路径城镇生活垃圾处理网络。完善城镇生产垃圾处理技术体系。以工业园区为单元，大力发展循环经济，推动工业生产垃圾循环利用和封闭处理。实施旅游餐厨垃圾专项治理工程，努力提高城镇生产垃圾资源化水平。

2）制定环境准入标准

以环境保护目标和环境质量标准为约束测算环境容量，以主要污染物总量控制指标为前提设置环境"门槛"，构建方向准入、空间准入、总量准入、效率准入"四位一体"环境准入制度。

第一，明确城镇环境容量。以城镇生态空间主要城镇大气环境和水环境保护为目标，制定各城镇环境质量标准，测算城镇环境容量，合理安排主要污染物环境容量分配计划，据此编制流域城镇主要污染物总量控制方案。

第二，严格环境准入制度。以城镇主要污染物环境容量分配计划为前提，制定分行业新增产业项目主要污染物排放总量限定范围和万元 GDP 主要污染物排放量限值标准，对城镇型生态空间新增产业项目实施"双限准入"：新增产业项目在符合地方产业结构优化升级指导目录（方向）和相关工业园区产业发展规划要求（空间）的基础上，主要污染物排放总量必须符合城镇环境容量限定范围,万元 GDP 主要污染物排放量必须达到园区污染排放限值标准。

第三,严格环境监管实施。总结洱海保护经验,将环境监督管护体系向城镇环境监管领域推广,重点从环境管理体制、全民参与机制、技术支持系统、环境执法体系和环境责任追究等方面完善城镇环境监管体系。

对城镇主要污染物环境容量分配计划,设置专题研究制定城镇主要污染物单位排放量基准价格,培育环境交易市场,鼓励污染物排放权交易;重点实施污染违规分级处罚制度,对市场行为主体污染超标排放或不能完成污染削减计划等情形,视超排额度或减排差额,参照城镇主要污染物单位排放量基准价格分等级进行加倍处罚;对污染严重违规形成环境安全隐患者,或造成环境安全事故者,从严追究法律责任。

3. 加大城镇生态格网建设

依托洱海水体和周边农田系统,构建城镇隔离带,继续加强洱海湖滨带湿地系统和环湖游憩带景观系统建设,大力推进城镇主干道及旅游景点连接线的道路绿化建设,完善城镇自然生态廊道;重点进行城市广场、绿地公园、生态住区、花卉基地和湖滨湿地及其绿色连接通道的系统建设,增加公共绿地面积,均衡覆盖绿地服务盲区,打造"生态城市""山水城市",树立正确的园林化理念。

6.2.2 村落污染治理

1. 坚持设施处理与循环利用相结合,控制村落生活污水蔓延

统一规划村落污水处理,重点推广小型分布式污水处理设施布局建设,实施村落污水网络汇集、集中处理;倡导居民生活用水循环利用,减少村落污水产生量。

2. 坚持集中清运与分散利用相结合,控制村落生活垃圾蔓延

统一规划村落垃圾处理,重点完善村落汇集、乡镇清运、县市处置的农村垃圾处理体系;鼓励农户垃圾分散填埋或掩体式堆肥,减少村落垃圾清运量。

3. 坚持规模化养殖与资源化利用相结合，控制畜禽粪便蔓延

统一规划农村畜禽养殖业发展，重点支持集中式圈养和规模化养殖，力避畜禽粪便散布田野；大力实施大中型沼气振兴工程，推动畜禽粪便资源化利用。

4. 试行乡村污染网格化管理技术

网格化管理是基于网格技术的一种现代管理技术、管理理念和管理思路，是指将管理区域按照一定标准，从地理空间上划分为若干个单元，即通常所说的"格"，各个单元"格"又通过资源整合、信息共享、流程再造等有效机制，实现相互联系、联动，从而消除部门壁垒，形成一张张"网"，即"网格"。因此，网格化管理，就是在保持原有大格局不变的基础上，结合人文、地理和现有的建筑布局等因素，把管理区域划分为若干责任网格，将人、地、物、事、组织都纳入网格进行管理。近年来，网格化以其很强的适应性和广泛的应用性出现在社会管理、税务管理、生物医药、电子商务、林业等各个领域。

洱海流域引入和试行乡村污染网格化管理技术，主要思路是：通过科学布点、全面监管、划清责任、精确溯源、靶向治理，打通监测-监管通道，实现"人防"到"智防"转变，达到控制乡村污染的目的。因此，要明确网格化监管目标、任务、责任、时限、措施、标准和要求，水环境污染防治网格化监管提供路线图、时间表和领导保障。成立指挥部，明确办公室、协调组、督导组、追责组的责任和任务，并落实到具体人员。建立网格化监管体系，明确每级、每个网格具体监管人员，建立台账，细化职责，为推进网格化监管提供依据。实施要点包括：①以入湖河道沟渠为主线，横向以周边村庄、农田、湿地、库塘为对象，以流域乡镇、村委会行政辖区为单元格的责任划分体系。②党委领导，政府组织，镇村为主，部门挂钩，分片包干，责任到人。③州级领导分块包干，县市领导为"河长"，流域乡镇党政主要领导为"段长"，村委会（社区）总支书记（主任）为"片长"，村民小组长及三员（河道管理员、滩地协管员、垃圾收集员）为管理员。

洱海流域生态文明建设中城乡环境保护主要内容，见表6-5。

表6-5　城乡环境保护主要内容

分类	名称	主要内容
城市、城镇	尽快划定城镇边界红线	进一步完善规划建设用地红线、水体蓝线、绿地绿线、历史文化保护紫线、市政公用设施黄线、公共服务设施橙线等"六线"边界；实现"四规"操作空间"一张图"，有效控制城镇无序蔓延；通过强化规划实施和管理，确保城镇边界红线不突破
	继续加强城镇环境管理	对城镇环境质量进行科学监测和动态评估，加强环境基础设施建设、严格环境准入标准，控制新增环境污染
	加大城镇生态格网建设	依托洱海水体和周边农田系统，构建城镇隔离带，继续加强湖滨带湿地系统和环湖游憩带景观系统建设，推进城镇主干道及旅游景点连接线的道路绿化建设，完善城镇自然生态廊道；进行城市广场、绿地公园、生态住区、花卉基地和湖滨湿地及其绿色连接通道系统建设
村落	村落污染治理	坚持设施处理与循环利用相结合，控制村落生活污水蔓延；坚持集中清运与分散利用相结合，控制村落生活垃圾蔓延；坚持规模化养殖与资源化利用相结合，控制畜禽粪便蔓延；试行乡村污染网格化管理技术

第7章 流域体制机制与制度建设方案

生态文明体制机制与制度是指在全社会制定或形成的一切有利于支持、推动和保障生态文明建设的各种引导性、规范性和约束性规定和准则的总和。既是约束人类行为的规则，同时也是衡量人类文明程度的标尺，生态文明制度是否完善，是否具有先进性，在一定程度上代表了区域生态文明水平的高低（陆浩和李干杰，2018）。

当前，洱海流域的生态文明制度建设取得较大进展，积累了较多经验。但在总体上仍然存在制度类型不全面、制度结构不合理、制度体系不健全、制度效率相对低下等突出问题，各制度之间关联性较弱，体系化不强，难以形成强大的合力。因此，加快建立一套要素健全、结构合理、行之有效的生态文明制度体系，既是流域生态文明建设的基本内容，同时也是生态文明建设直接或间接服务于水污染防治的重要保障，因而具有重要的实践价值。

7.1 行 政 制 度

7.1.1 绿色 GDP 核算

当前，同全国其他绝大部分地区一样，洱海流域仍然实行以 GDP 指标体系为主的经济核算体系，GDP 增长仍然是评价地方政府发展绩效的主要标准。在此标杆下，资源耗竭、生态退化损失尚未计入发展成本，无形中鼓励了人们对生态资源的破坏，因此践行绿色 GDP 核算制度尤为重要。该核算体系的基本步骤建议如下。

1. 自然资源耗减的核算

自然资源是指土地、矿产、原始森林与水资源等。自然资源耗减累加（Cr）＝水资源耗用价值＋森林采伐价值＋能源消耗价值＋矿产损耗价值。

在核算资源耗减价值冲减 GDP 价值时,原则上不包括土地资源利用的价值(非农业如工业、交通、商业、政府机构、学校等占用的土地利用价值)。在我国,土地资源利用的价值被包含在 GDP 价值的核算体系中。

对于自然资源的耗减,根据环境经济综合核算体系(the system of integrated environmental and economic accounting,SEEA)技术规程,应用"市场定价法"。可再生资源与不可再生资源都按照耗用资源的全部或部分经济租确定其价值,其定价技术包括"净回报现值法""净价格法""使用者成本法"等。

2. 环境质量降级的核算

环境污染所造成的损失,从生物链的观点来看,它具有连续的负面效应。各种环境降级累加(C_e)=环境治理成本+环境污染事件所造成的直接经济损失+环境污染事件所造成的间接经济损失。对于环境质量的降级,定价方法很多,可以考虑使用 SEEA 建议的"维护成本法"。

维护成本也即虚拟治理成本,是指目前排放到环境中的污染物按照现行的治理技术和水平进行全部治理所需要的支出。采用维护成本法核算虚拟治理成本的思路是:假设所有污染物都得到治理,则当年的环境退化不会发生,从数值上看虚拟治理成本是环境退化价值的一种下限核算。

3. 再生产品价值的核算

绿色 GDP 核算中引入良性循环概念,对资源的循环利用、废弃物的再生化等因素(U_w)进行考虑,列入产出增加价值,且对其结果进行倍增放大处理,以减轻环境资源的压力。

4. 总量调整

将绿色 GDP 定义为经资源环境调整的国内生产总值。按照 SEEA 的观点,自然资产的使用如同固定资产的折旧,因此环境影响的环境成本调整应该被放到国内生产净值(net domestic product,NDP)上。经环境调整的流域生产总值 $EP = P - C_r - C_e + U_w$,等于系统总产值-自然资源耗减-环境质量降级+废弃物综合利用。

7.1.2　干部考核评价

近年来，随着干部人事制度改革的深化，洱海流域干部考核评价工作不断改进，生态建设和环境保护考核的分量不断加大，"GDP 至上""以总量论英雄"等发展观念得到有力纠正，生态文明建设正在引起广大领导干部的重视。但是，一些地方干部仍然持有"重经济增长、轻生态建设"等发展观念，生态文明建设的要求还没有在干部考核评价工作中得到充分体现（郇庆治 等，2014）。通过不断健全有利于科学发展和生态文明建设的干部考核评价机制，引导各级领导干部树立正确政绩观，进一步转变发展观念、创新发展模式、提高发展质量，形成推进科学发展、建设生态文明的强大组织领导力量。

十八届三中全会明确要求"纠正单纯以经济增长速度评定政绩的偏向"。2013 年底，中共中央组织部印发《关于改进地方党政领导班子和领导干部政绩考核工作的通知》，规定各类考核考察不能仅仅把地区生产总值及增长率作为考核评价政绩的主要指标，要求强化约束性指标考核，加大资源消耗、环境保护等指标的权重。

1. 树立生态政绩观

生态政绩观就是以科学发展观为指导思想，以生态文明为价值取向，以生态价值优先、整体利益最大化、未来利益至上为原则，以经济增长、社会公平和改善环境质量为目标，实现生态、经济、社会全面、协调、可持续发展的政绩理念。引导各级领导干部努力实践生态文明建设；牢固树立良好生态环境是生产力、竞争力的生态发展观；坚持经济发展是政绩、保护生态环境更是长远政绩的观念；践行绿水青山就是金山银山的生态价值观。

2. 调整干部考评制度

当前，洱海流域出台的干部考核评价中已增设了一些生态建设和环境保护方面的考核指标，提高了生态文明建设的考核比重。但从生态文明建设的目标和要求看，现行干部考核评价机制还需要从考核内容、考核方式、考核结果运用等方面做进一步修改、完善。

在调整时，要考虑三方面因素：一是指标体系要充分体现加快流域经济发展方式转变的要求，进一步突出对发展代价的考核；二是指标体系要反映生态文明建设一些刚性任务；三是要根据不同区域、不同行业、不同层次的特点，建立各有侧重、各具特色的考核评价标准。

3. 差异化考核方式

对市、县党政领导班子的实绩评价，应加强循环经济、绿色经济、低碳经济等方面的考核，将"COD排放强度""二氧化硫排放强度""碳排放强度""水消耗水平及降低率""能源消耗水平及降低率"等指标列为考核内容。

对党政工作部门的实绩评价，加大考核领导班子是否贯彻落实各级人民政府加快经济发展方式转变、推进生态文明建设的决策部署等方面情况。

对高等学校、省属企业领导班子的实绩评价，突出服务经济发展方式转变的有关情况，进一步调整相关评价指标体系及权重，在领导班子经营业绩中纳入自主创新、节能减排、产业结构优化升级等相关内容。

4. 强化考核的民众评议分量

改进考核评价方式、方法。生态文明建设成效如何，群众感受最真切、群众评价最真实。要以提高考核公开性和透明度为方向，不断创新干部实绩考核评价方式。积极探索建立"民评官"机制，广泛推行实绩公示、公议制度，探索完善民意调查、市民评议等方式，使考核过程更加彰显民主、考核结果更加体现民意。

5. 加强考核评价结果运用

考核必须与运用相结合，否则就失去意义。要通过建立健全相关配套制度，把生态文明建设考核结果作为干部任免奖惩的重要依据之一，把考核结果与对干部的教育培训和管理监督结合起来，把生态文明建设任务完成情况与财政转移支付、生态补偿资金安排结合起来，让生态文明建设考核由"软约束"变成"硬杠杆"。通过实施严格的考核，引导领导干部深入贯彻落实科学发展观，强力推进生态文明建设。对重视生态环境保护，完成生态文明建设任务成绩突出的干部，要给予大力表彰。对不按科学发展观要求办事、推进生态建设和环境保护等约束性指标任务完成不好的干部，要进行批评教育、诫勉谈话。对不重视生态文明建设、发生重大生态环境破坏事故的干部，要实行严格问责，在评优评先、选拔使用等方面予以一票否决，以此激励各级领导干部推进生态文明建设的积极性和主动性。

建立干部提拔征求同级生态文明建设领导小组意见的工作机制，严格落实生态文明建设政绩考核与领导干部提拔任用挂钩制度，强化行政执行力。对任期内辖区发生生态环境损害事件的主要责任人不得提拔重用；出现严重失职、渎职情况，按有关规定实行重惩重处；发生重大污染事故或安全事故，按照程序进入法律程序，追究法律责任。

7.1.3 工作责任追究

《党政领导干部辞职暂行规定》第十四条规定，党政领导干部因工作严重失误、失职造成重大损失或者恶劣影响，或者对重大事故负有重要领导责任等，不宜再担任现职，本人应当引咎辞去现任领导职务。引咎辞职是自责的最严厉形式。引咎辞职制度是制约权力的一种有效制度，是解决干部"下"的制度体系的重要组成部分。同时也是洱海流域干部人事制度改革中必然要面对的现实要求，在增强政府对民意的回应、塑造政府良好形象、增强官员自律意识和完善干部人事管理制度等方面具有重要作用和意义。2015 年，国家进一步出台《党政领导干部生态环境损害责任追究办法（试行）》，强调显性责任即时惩戒，隐性责任终身追究，让各级领导干部耳畔警钟长鸣。

1. 科学界定标准

科学地界定引咎辞职的标准，并用制度的形式加以规范，是引咎辞职制度发挥作用的前提与关键环节。因此，评价领导干部失职行为的标准应体现定性与定量相结合、科学具体、操作性强的原则。引咎辞职的标准不宜定得太细，要综合各方面的因素全面考虑，将官员的道德、政绩及行为等因素也纳入其中，尤其注重考虑公众的意见。如政治道德素养方面，官员要有较高的政治道德素养，不能做出与生态文明相悖的决定，言论和行为不能损害政府形象等；领导干部执政能力方面，应该考虑处理突发事件能力、决策能力、管理能力等；工作绩效方面，不能按时完成工作任务及目标，所负责单位连续两年被评为较差机关，公众对工作的满意度不高等需引咎辞职；勤政务政方面，官员不作为、不履行职责同样要负责任。

2. 完善操作程序

引咎辞职的程序是规范辞职行为的准绳，是保证辞职有效进行的基本手段。操作程序应本着公正、公开、合理的原则，应具有较强的操作性及实践性。一般来说，程序的内容包括个人提出申请、组织审查、讨论决定、发布公告、办理手续等环节，尤其组织审查及讨论决定是关键的环节，在这两个环节应注重人大、民众等的意见。一旦官员出现严重失误、失职等行为时，应严格按照程序来落实。

3. 完善后续管理

对引咎辞职后的领导干部能否进行有效管理、妥善安置，是关系引咎辞职制度能否有效和顺利推行的重要环节。一般来说，引咎辞职者的后续管理应该包括辞职后的待遇与职位安排的管理、重新启用的相关标准与程序的管理两个方面。

4. 强化监督机制

引咎辞职作为官员自咎的行为，需要官员有强烈的政治责任感及职业道德意识。然而，在生态文明建设的过程中，一些官员仅仅只关注其自身发展，道德自觉及责任意识不够，不利于生态文明制度的贯彻实施。因此必须加强监督，给政府及官员施加外在压力，迫使其主动承担责任，如加强人民代表大会的监督、强化社会监督力度（媒体舆论监督及公众监督）等。

5. 增强责任意识

第一，完善公务员职业道德规范体系。流域内各部门应结合实际情况，制定符合流域公务员的职业道德规范，并制定详细的实施细则，增强其操作性，将道德规范作为官员晋升的主要考核依据，从而约束官员的行为。

第二，加强官员道德教育与培训。成立专门的职业道德教育机构，定期对公务员进行道德教育与培训；采取灵活多样的培训方式（情景模拟、案例教学等形式），调动学习积极性，引导官员树立正确的行政价值观。

第三，树立官民平等意识。如应彻底转变官本位、权力本位的特权观念；树立服务理念、官民平等的意识，明确政府的根本定位在于服务而非统治；强化权责对等的意识。

6.提高公民参与意识

首先，建立参与型政治文化，使流域民众形成坚定的政治信念。其次，拓宽参与渠道，广泛推进公民政治参与，完善公民政治参与的制度化建设（信访制度、听证制度等）。

7.1.4　环境责任问责

政府环境责任问责制度是指由特定的国家机关依照法定权限和程序，对政府及其公务人员在履行环境保护职责上的违法或不当行为进行责任追究的法律制度。其目的在于调整政府环境责任问责法律关系，规范政府环境责任问责活动，提高政府环境责任问责效能，从而减少政府干部在生态文明建设过程中的不作为现象，保障流域生态文明建设。

1.问责主体

第一，行政机关问责。行政机关问责是指政府对其自身是否履行环境责任所进行的监督与追究。相对于立法机关、司法机关的外部问责，行政机关的问责是政府系统内部的监督和追究，可以划分为专门问责和非专门问责两类：专门问责是政府专门设置的行政机构实施的行政监督，包括行政监察、审计等；非专门问责有上下层级监督和平行部门监督，前者即各级行政机关及其主管按行政隶属关系自上而下进行垂直监督，后者即政府职能部门就其所辖事务在自身权限与责任范围内对其他相关部门实施监督。

第二，立法机关问责。立法机关问责具有高度的权威性和主动性，立法机关对政府环境责任是否履行进行问责在政府环境责任问责中有着不可替代的作用。为了切实加强立法机关问责，必须明确立法机关的问责权限。按照《各级人民代表大会常务委员会监督法》所明确的监督和追究方法，立法机关的主要问责手段是：听取和审议政府环保专项工作报告、国民经济和社会发展计划、预算执行情况报告和环境审计工作报告；对政府实施有关环境法律法规的情况进行评价，提出改进执法工作以及修订完善有关环境法律法规的建议；询问和质询；对有关重大事实不清的事件，组织关于特定问题的调查委员会进行调查；对不履行环境保护职责的有关人员进行罢免和撤职。

第三，司法机关问责。司法机关就是行使司法权的国家机关。司法机关有狭义和广义之分。狭义的司法机关，仅指审判机关即人民法院；广义的司法机关，既包括审判机关，又包括检察机关。司法机关与立法机关的问责都属于来自行政系统外部的"异体问责"，但两者有根本的区别：立法机关是主动的外部权力监督和追究，不需要通过其他任何单位和个人来加以发动；司法机关的监督和追究是被动的外部权力监督和追究，通过审判的方式来进行，采取的是不告不理，必须要有原告起诉，法院才能受理。虽然司法机关的被动性极大地限制了对政府环境责任问责，但司法机关问责具有独立性、程序性、直接性、强制性等特点，不仅能促使政府落实承担环境责任，还能有力地推动环境法的发展，加强环境法的可诉性。这是其他问责主体所不具备的，也是其优势所在。

第四，社会公众问责。社会公众问责是指社会组织、公众为了实现环境民主政治、保障公民环境权利，通过检举、揭发、申诉、报道、复议、诉讼等手段，提请问责主体对政府是否履行环境责任进行监督和追究。它是一种非权力的监督与追究，与立法机关、司法机关和行政机关的权力问责有所不同。虽然社会公众问责不具有国家机关监督的规范性和严格性，其法律后果也不具有强制性，但它具有立法机关、司法机关和行政机关等问责主体所不具备的优势，是政府环境责任问责机制中非常重要的一环。加强社会公众问责首先，要加强环境教育，提高社会公众的问责意识；其次，建立环境行政公益诉讼制度，完善社会公众的利益表达机制；最后，完善政府环境信息公开制度，保障社会公众的环境知情权。

2. 问责对象

政府环境责任问责的对象也是政府环境责任的承担主体，明确政府环境责任问责对象的同时也要明确其环境保护职责，才能将责任真正落到实处。

第一，各级人民政府。政府作为环境保护职能部门的上级机关，领导其开展环境保护相关工作。政府的环境保护职责是推动环境立法的发展，加强环境行政立法、加强对环境法律、法规与规章实施的监督管理，严格环境行政执法、制定相应的环保产业发展政策，引导环保产业的发展。当各级人民政府在履行环境保护职责时有不正确履行或不履行的情况发生时，应当追究其相应的法律责任。

第二，各级人民政府环境保护部门。《中华人民共和国环境保护法》第十条明确规定，国务院环境保护主管部门，对全国环境保护工作实施统一监督管理；县级以上地方人民政府环境保护主管部门，对本行政区域环境保护工作实施统一监督管理。县级以上人民政府有关部门和军队环境保护部门，依照有关法律的规定对资源保护和污染防治等环境保护工作实施监督管理。地方各级环境保护部门的职责主要包括：贯彻并督促执行国家环境保护法律法规；组织起草或拟定地方性的环境保护法规、规定及标准等；拟定本辖区的环境保护规划与计划并督促实施；会同有关部门组织监测本地区的环境状况及发展趋势；组织有关部门进行环境科学研究、教育，环境宣传及人员的业务培训与考核等；调查、处理本辖区环境污染与破坏案件。各级环保部门是环境保护的直接执行者，责任重大。如若其不正确履行或不履行环境保护职责，理应追究其相应的责任。

另外，涉及环境保护事务的其他行政主管部门由于有特定的环境保护职责，也应当成为问责的对象。比如，建设部门负责城市规划，村镇规划与建设，指导园林市容和环卫工作及城市规划区的绿化工作，负责对国家重点风景区的保护监督，指导城市规划区地下水的开发利用与保护，指导城市市容环境治理等。这些部门在未切实履行其相应的环保职责时，亦应被问责。

第三，各级行政机关首长。主要是负有直接或间接领导责任的领导者，即各级人民政府首长、生态环境部门领导及其他行政主管部门的领导。我国行政机关实行的是首长负责制，各级人民政府的首长处于总负责的地位，对各职能部门有指挥、协调之责，可以对各职能部门职权的行使进行协调和指挥，使之形成合力。目前，我国环境政策网络具有一种松散的、相互依赖性弱及目标冲突的特征，仅靠个别的政府职能部门（如生态环境部门）来进行环境治理力不从心。所以，各级人民政府的首长需要承担环境责任。生态环境部门的首长在相当大程度上决定了环境行政主管部门履行职责的情况，生态环境部门的首长，尤其是正职首长对生态环境部门能否正确履行法定职责负有首要的责任。另外，其他行政主管部门的领导对未履行本部门特定的环境保护职责负有责任。

3.法律责任方式

第一，行政责任的承担方式。行政责任是由于违反行政法律法规而引起的法律责任形式。由于问责对象不同，可以分为政府及其职能部门的行政责任和公务人员的行政责任两种。在外部行政法律关系中，政府及其职能部门要对其实施的全部环境管理行为负责。既包括抽象行政行为和制定行政法规、规章和行政命令的行为违法，又包括行政处理、行政强制、行政制裁等具体行政行为违法。前者须向权力机关承担法律责任，后者不仅要向有关国家机关承担法律责任，还要对相关的行政相对人承担法律责任，主要的承担方式是赔礼道歉、恢复名誉、赔偿损失等。政府机关公务人员也必须对其违法或不当的行为承担行政法律责任。

行政责任的承担方式主要有三类：其一，精神处分，主要有通报批评、警告、严重警告、训诫、记过、记大过等；其二，职务处分，主要有停职、降职、免职、撤职、调离、强制退休、开除和解雇等；其三，薪俸处分，主要有减薪、停薪、罚薪、停发补贴、减少退休金等。

第二，刑事责任的承担方式。政府公务人员的刑事责任是指因职务犯罪而应承担的刑事责任。职务犯罪是指刑法所规定的有关职务行为的一类犯罪的总称，主要包括：利用职务之便谋取不正当利益；滥用职权；玩忽职守；破坏国家对职务活动的管理职能等行为。《中华人民共和国刑法》规定将刑罚分为主刑和附加刑两大类。

第三，民事责任的承担方式。《中华人民共和国民法通则》第一百二十一条明确规定，国家机关或者国家机关工作人员在执行职务中，侵犯公民、法人的合法权益造成损害的，应当承担民事责任。在民法中，民事责任的承担方式主要有停止侵害、排除妨碍、返还财产、恢复原状、赔偿损失，以及赔礼道歉、恢复名誉等。在问责实践中，政府公务人员的民事责任主要是通过追偿制度实现的。公务人员在执行环境管理活动过程中给公民、法人或其他组织的合法权益造成损害时，其所属的政府及其职能部门先行向受害人进行赔偿，然后根据具体情况，依法责令责任人承担全部或部分赔偿费用。政府公务人员的民事责任主要是财产责任，其责任承担方式是从责任人薪金收入和个人财产中扣缴相应的赔偿费用。

第四，违宪责任的承担方式。违宪责任是指责任主体对其违宪行为所承担的不利的法律后果。违宪行为的方式具有多样性，违宪责任既包括作为的违宪责任又包括不作为的违宪责任。针对政府公务人员的违宪责任承担方式主要是罢免。罢免是在行政机关公务人员任职期届满之前免除或撤销其职务的责任形式。

4. 完善问责程序

问责的实体法律是对问责主体、问责对象、问责标准、责任形式等实体性内容作出规定，而问责程序法律主要是规制了实现问责目的而设置的问责活动进行的步骤、环节。问责程序法律的可操作性程度决定着问责制度能否取得其应有的效应。为了保障政府环境责任问责制度的有效实施，必须改变以往"重实体轻程序"的做法，依照法定程序实施问责。一般来说，完善的政府环境责任问责程序有如下阶段。

第一，立案。问责主体依法决定对问责对象展开问责。立案的依据主要有：投诉、检举和控告；专门问责机关的问责建议；立法机关和上级行政机关的问责要求；司法机关或仲裁机关的问责建议；政府工作考核的结果；新闻媒体的曝光等。

第二，调查。问责主体在充分收集证据的基础上确定客观事实。需要确定的客观事实主要有：有无环境违法行为、过错程度、环境违法行为与环境损害后果之间是否有因果关系。

第三，决定。该环节是问责主体根据认定的事实和法律规定对问责对象作出是否承担责任、承担何种责任决定的过程。

第四，通知。即向问责对象和检举、控告人送达问责决定，并告知问责对象救济途径。

第五，执行。特指政府责任环境问责制度中按照问责对象的管理权限而进行的系列惩戒。

7.1.5 自然资源离任审计

党的十八届三中全会审议通过的《中共中央关于全面深化改革若干重大问题的决定》提出，要探索编制自然资源资产负债表，对领导干部实行自然资源资产离任审计，建立生态环境损害责任终身追究制。同全国其他地区类似，洱海流域目前的审计工作主要侧重于审查专项资金的使用和管理情况，基本上没有针对自然资源资产建立专门的审计评价指标和评价体系。对领导干部的离任审计也主要是经济责任审计，自然资源资产离任审计目前仍处于起步阶段，存在诸多关键性问题有待解决，突出表现在自然资源指标体系尚未全面建立、审计内容和范围不够明确、审计人员基本素质不高、责任追究机制难以贯彻等方面。

1. 审计目标

自然资源资产离任审计不同于财务审计，审计目标是为了让领导干部在任时对环境保护尽职尽责，使自然资源资产的开发利用更加注重经济效益、社会效益和生态效益的统一。通过检查和评价领导干部在自然资源资产使用、管理和监管方面的责任履行情况，促进建立、健全系统完整的自然资源资产管理制度体系，用制度来加强对自然资源资产的管理。

2. 审计主体

自然资源资产保护审计的主体是多元的，理论上可以是国家审计、社会审计，抑或内部审计。因为自然资源资产保护的责任不仅仅是政府的责任，还是其他社会组织的责任。针对洱海流域自然资源资产离任审计的审计主体，可以从多个方面、多个层次进行确定。其中，国家审计机关是开展党委、政府直管领导干部自然资源资产离任审计的审计主体；内部审计机构是开展部门、单位内部管理领导干部自然资源资产离任审计的审计主体；社会公众或中介组织接受委托可以参与对相关领导干部的自然资源资产离任审计工作。

3. 审计范围

自然资源是审计的载体，重点关注关系经济社会发展的生产资料和关系人民生活的生活资料，特别是要加强对战略性资源的审计。具体来说，自然资源资产离任审计的审计对象包括矿产资源、土地资源、水资源、森林资源 4 个大类。

4. 审计方法

自然资源资产离任审计方法除可以采用一般财务审计方法外，还应根据其特性采用特殊的审计方法。

（1）与生态环境部门和自然资源部门合作，根据不同自然资源资产的特点，采用不同的审计技术方法，编制自然资源资产负债表。

（2）应注重资源资产的使用与再生的速度，注重代际间的平衡及资源资产的使用绩效，同时考虑资源的替代性。

（3）除尽可能采用货币计量价值外，还可以根据实物的数量和以技术参数为特征的质量指标来进行衡量。

（4）与生态环境部门、专业评估机构合作找到准确污染源。

（5）要聘请环保专家和专业机构评估资产的合理修复期和资源保护效果，合理评价领导干部的履责情况。

5. 审计内容

1）自然资源资产使用情况

（1）自然资源资产可持续利用情况。审计要关注流域储存性资源的可持续利用情况，是否将相对固定的供给量分散在较长时间内使用；关注恒定性资源的可持续利用情况，是否在现有的条件下最经济有效地利用资源，有无由于使用不当造成资源闲置浪费和经济损失等；关注临界性资源的可持续利用情况，是否能平衡当期使用收益和未来使用能力之间的关系，既在当期取得尽可能大的收益，又不影响未来利用资源的能力等。

（2）自然资源资产有偿使用情况。审计要监督流域自然资源资产价格和税费改革情况，关注价格是否反映了市场的供求关系、资源稀缺程度、生态环境损害成本和修复成本等；关注自然资源资产的配置情况，能由市场形成的价格是否交给市场定价，是否收取合理的使用费、保护费、补偿费；关注政府在自然资源资产配置中发挥作用的情况，自然资源资产产权出让、转让是否采用招标或拍卖形式，防止无偿或低价转让，造成国有资产流失等。

（3）自然资源资产节约使用情况。审计要把资源是否节约使用放在重要位置，关注是否着力推进资源节约集约利用，提高资源利用率和生产率，降低单位产出资源消耗，有无乱采挖、滥伐、无序开发等导致资源浪费情况；关注自然资源资产消费方式和结构调整情况，有无加强全过程节约管理，大幅降低能源、水、土地消耗强度，如降低煤炭消费占能源消费总量的比重等；关注自然资源开发使用中的科技创新投入及成效，关注节能低碳产业和新能源、可再生能源发展情况，是否大力发展循环经济。

（4）自然资源资产实物量和价值量变化情况。审计要关注自然资源资产存量及其变化情况，来评价领导干部的生态政绩是"正"还是"负"；关注自然资源资产的质量情况；关注自然资源价值量变化情况，包括自然资源单位价格估定与总价值量核算；对直接参与市场交易的自然资源与未进入市场交易的自然资源是否采用不同的估价方法，直接参与市场交易的自然资源是否采用市场法进行估价（如市场估价法、成本核算法、净价法等）。

2）自然资源资产管理情况

（1）自然资源资产管理体制建立健全情况。审计要重点关注流域自然资源资产管理体制建立健全情况，是否统一对全民所有自然资源资产行使所有者职责，是否对属于全民所有的自然资源资产的数量、范围、用途进行统一管理，是否充分行使占有权、使用权、收益权、处置权，实现权利、义务和职责的统一；是否将反映自然资源资产消耗和利用成效的指标纳入地方党政领导干部政绩考核评价体系，防止简单以国内生产总值增长率来论英雄；在限制开发区域和禁止开发区域，是否主要考核生态环保指标等。

（2）自然资源资产产权界定情况。审计要检查是否对流域水流、森林、山岭、草原、荒地、滩涂等自然生态空间进行统一确权登记，是否形成归属清晰、明确、监管有效的自然资源资产产权制度；是否因国有产权虚置或弱化造成资源过度消费，国有收益是否被转化为部门、企业或个人的利益等。

（3）自然资源资产生态补偿情况。审计要关注流域自然资源资产补偿机制建立情况，是否按照"谁开发谁保护、谁受益谁补偿"的原则，建立开发与保护地区之间、上下游地区之间、生态受益与生态保护地区之间的生态补偿机制，如基于主体功能区的生态补偿机制，基于跨界流域的补偿机制，基于矿产资源开发的生态恢复补偿机制，基于生态公益林地、湿地、水资源的生态效益补偿机制等；对生态产品受益对象明确的，是否建立地区间横向生态补偿制度，让生态环境消费的成本内部化、制度化、刚性化；对生态产品受益对象不明确的，上级政府是否通过均衡性财政转移方式购买生态产品；如果审计对象自身是生态产品受益者，是否按照补偿机制的要求进行付费；如果审计对象是生态产品生产者，是否如期收到补偿并积极生产更多生态产品等。

（4）国家自然资源资产开发和使用政策贯彻执行情况。审计要关注国家相关政策措施在本地区的执行情况，是否在加快落后产能技术的淘汰更新、推进绿色发展、循环发展、低碳发展以及科技创新等方面发挥了促进作用。

3）自然资源资产监管情况

（1）自然资源资产监管体制建立健全情况。审计要重点关注自然资源资产监管体制建立健全情况，是否统一行使所有国土空间用途监管职责，是否对各类自然生态空间进行统一的用途管制制度等；是否建立健全国家监察、地方监管、单位负责的监管体制；是否形成政府、企业和公众共同参与的监管新机制；是否做到区域联防联控；自然资源资产所有权人和监管者是否相互独立、相互配合、相互监督等。

（2）自然资源资产用途管制情况。审计要监督是否按照主体功能区规划的要求，将洱海国土空间划分为生产空间、生活空间和生态空间；是否按照环境功能区划将国土空间分为生存生态安全和聚居环境安全两大环境功能，并与主体功能区规划相统一；对某一具体区域，是否按照禁止开发、限制开发、重点开发和优化开发的要求，实行不同的政绩考核评价标准；是否严格保护耕地，防止任意变更土地用途；是否对水域、林地、海域、滩涂等生态空间建立用途管制，防止土地指标用完后，任意开发山地、林地、湿地湖泊等。

（3）自然资源资产损害责任追究情况。审计要监督领导干部是否为了任期内的经济增长而不顾资源环境状况，盲目决策、盲目开发，造成潜在的生态环境损害甚至不可逆的系统性破坏。

（4）自然资源资产损害赔偿情况。审计时要关注领导干部是否建立了自然资源资产损害赔偿制度，是否对违反环境法律法规行为进行处罚；要关注造成生态环境损害的处罚金额，金额是否过低，以致不能弥补生态环境损害程度和治理成本等。

4）审计自然资源资产负债表

自然资源资产负债表是用国家资产负债表的方法，将全国或一个地区的所有自然资源资产进行分类加总形成报表，显示某一时一点上自然资源资产的"家底"，反映一定时间内自然资源资产存量的变化。审计自然资源资产负债表，就是要检查自然资源资产负债的存量及其变动情况，评估当期自然资源价值量的变化，为实行领导干部自然资源资产离任审计提供详细的科学依据。

6. 审计方式

根据政府行为和相关政府履行生态文明建设责任的方式，领导干部自然资源资产离任审计的实施路径应以生态文明建设决策责任、执行责任、监管责任的履行为主线，以政策审计、资金审计、项目审计、法规政策制度执行审计、监管审计、报表审计为抓手，以责任追究为保障。

1）政策审计

通过检查和评价政府及相关部门制定的自然资源资产监管和环境保护政策是否符合国家法律、法规，是否符合经济和社会的可持续发展战略，是否适合本区域的社会经济环境并切实可行，是否存在重大缺陷，促进政策制度的建立健全和全面落实。政策审计可以与领导干部经济责任审计、财政审计等结合进行，也可以在独立型的领导干部自然资源资产离任审计项目中实施。

2）资金审计

对自然资源资产监管和环境保护资金的筹集、管理情况、资金来源和支出的合法性和真实性、资金的投入情况等进行审计，揭露问题，分析评价每个责任主体应承担的责任，促进自然资源资产监管和环境保护资金合规有效使用。

3）项目审计

通过检查自然资源资产监管和环境保护工程（治理）项目的规划、建设、运行、管理及其效益情况，揭示和查处工程项目建设中存在的浪费资源、破坏环境等问题。重点关注工程项目建设是否体现可持续发展战略的环境政策理念，各类重点建设项目是否存在未履行环境影响评价审批程序即擅自开工建设或者擅自投产的情况，评价建设项目环境影响评价制度的执行情况。

4）法规政策制度执行审计

关注是否在已无环境容量、生态环境脆弱的地区、重要生态功能保护区违规进行开发建设、企业生产活动；关注是否依照有关自然资源资产监管和环境保护法律、法规实施生态保护工程，采取生态修复措施；关注是否依照相关法律政策推动产业结构优化升级，推进重点行业、产业园区和省市循环经济试点工作，落实污染源头控制制度，实行清洁生产并依法强制审核等。

5）监管审计

通过检查自然资源、发展与改革、水利、农业、林业、生态环境、税务、财政、国资监督管理等部门机构职责分工的合理性和科学性，监管制度建设的健全性，管理手段（如在线监控系统）和管理活动（如监督管理目标任务的分解、落实）的科学性、有效性等，评价监督管理职责履行情况，以及实施各项监管措施的成效，促使其全面履行资源性国有资产监督管理职责。

6）报表审计

主要检查自然资源资产负债表编制的合规性、准确性。核算自然资源资产的平衡情况，评估当期自然资源资产实物量和价值量的变化，为建立生态环境损害责任终身追究制提供依据。

7. 实施步骤

在洱海流域，对领导干部实行自然资源资产离任审计，可以具体从以下 5 个方面进行。

第一，开展审计试点。会同组织部门，按规定程序办理领导干部自然资源资产离任审计的相关委托手续，确定有代表性的乡镇开展领导干部自然资源资产离任审计试点。在实地调查了解自然资源资产权属、分布、结构、管理、利用、效果等情况的基础上，研究制定领导干部自然资源资产离任审计实施方案。各地要建立自然资源资产离任审计专家库，根据工作需要，聘请具有资源、环境、法律、工程技术等相关专业知识的人员参与审计工作。

第二，建立工作机制。与自然资源、发展与改革、水利、农业、林业、生态环境等部门建立领导干部自然资源资产离任审计工作协调机制，完善联合审计、联席会议、信息交流与通报、审计整改与审计结果利用等工作制度，确保信息共享、及时沟通。按照中共中央组织部《关于改进地方党政领导班子和领导干部政绩考核工作的通知》，加大政绩考核中资源消耗、环境损害、生态效益等指标的权重，支持审计机关依法独立行使自然资源资产离任审计监督权，并将审计结果作为考核和任免干部的重要依据。

第三，加强理论研究。与自然资源资产监管部门进行深入的沟通协调，收集相关资料，了解和调研自然资源资产分布和管理情况。在此基础上组织高校等相关科研机构，着手开展领导干部自然资源资产离任审计课题研究，研讨自然资源资产离任审计的相关理论体系、指标体系、评价体系及审计方法，为实行领导干部自然资源资产离任审计制度提供思想指导和理论支撑。

第四，加强队伍建设。现有审计队伍状况不能满足审计机关推进生态文明建设的需要。审计机关尤其是基层审计机关要采取有效措施，加强环境科学与工程、投资等领域专业人才的培养。要学习、运用生态文明建设领域的各种专业技术、手段和方法，积极创新审计技术方法，在审计围湖、占田、越界采矿、变更土地用途等方面运用地理信息技术，不断提高审计质量和水平。

第五，构建整体工作格局。构建领导干部自然资源资产离任审计与其他专业审计相结合的整体工作格局，将审计内容纳入其他专业审计方案，特别是将领导干部经济责任审计和领导干部自然资源资产离任审计有机地结合起来。要明确领导干部自然资源资产离任审计在整个经济责任审计体系中的地位及实施审计的切入点，将自然资源资产和生态文明建设责任作为领导干部经济责任审计的重要内容。要探索开展独立型的领导干部自然资源资产离任审计或专项审计调查，也可以根据实际情况，选择开展土地资源资产、矿产资源资产、森林资源资产、草原资源资产、海洋资源资产等专项离任审计。

洱海流域生态文明建设中行政制度方案计划主要内容，见表 7-1。

表 7-1　生态文明行政制度方案计划主要内容

名称	主要内容
绿色 GDP 核算	主要步骤：自然资源耗减的核算→环境质量降级的核算→再生产品价值的核算→总量调整。经环境调整的流域生产总值=系统总产值−自然资源耗减−环境质量降级+废弃物综合利用
干部考核评价	"纠正单纯以经济增长速度评定政绩的偏向"。主要内容包括：树立正确生态政绩观、调整干部考评制度、实施差异化的考核方式、强化考核的民众评议分量、加强考核评价结果运用
工作责任追究	制定流域《党政领导干部生态环境损害责任追究办法（试行）》，强调显性责任即时惩戒，隐性责任终身追究。主要内容包括科学地界定引咎辞职的标准，并用制度的形式加以规范；本着公正、公开、合理的原则，完善操作程序；对引咎辞职后的领导干部，完善后续管理，妥善安置；加强监督，给政府及官员施加外在压力，迫使其主动承担责任；制定符合流域公务员的职业道德规范。定期道德教育与培训
环境责任问责	问责主体包括行政机关、立法机关、司法机关问责与社会公众；问责对象为各级政府、各级政府环保部门、各级行政机关首长；法律责任方式包括行政责任、刑事责任、民事责任与违宪责任；按照立案、调查、决定、通知、执行环节完善问责程序
自然资源离任审计	建立、健全自然资源指标体系、明确审计内容和范围、提高审计人员基本素质、严格贯彻责任追究机制。其中，审计内容包括：自然资源资产使用情况、自然资源资产管理情况、自然资源资产监管情况、审计自然资源资产负债表

7.2　市　场　制　度

7.2.1　自然资源产权

产权是所有制的核心和主要内容，明晰产权是发挥市场机制的基本要求，归属清晰、权责明确、监管有效的自然资源产权制度，是建设生态文明的基础性制度。自然资源产权制度是生态文明制度体系中的基础性制度。界定和保护产权是保证每一经济主体追求自利最大化参与全部经济活动的基础，也是有效利用自然资源的关键（许耀桐，2001）。

1. 建立自然资源资产管理机构

在生态文明创建工作指导委员会下设立自然资源资产管理部门，统筹协调自然资源资产管理和监护工作。需要开征专门的环境税，统筹各种资源税费改革，实现"从量计征"到"从价计征"，建立统一的资源税费和环境税费体系。

2. 进行自然资源资产确权登记

对流域内水流、森林、山岭、草原、荒地、滩涂等自然生态空间进行统一确权登记，明确环境资源所有权、使用权、收益权的归属和分配。实行生态资源所有权和经营权相分离政策，鼓励经营权流转，完善生态产权结构。

3. 界定自然资源资产权益

制定《洱海流域自然资源资产条例》，以法律形式赋予自然资源资产权利，明确自然资源资产在经济活动中的贷款、抵押、担保和流转等权利。同时，加强对环境资源所有权、使用权、收益权的保护。根据自然资源属性的多样化特征，通过比较广泛的地方试点示范，逐步修改完善现行法律有关国有和集体所有资源的产权制度规定，分类建立多样化的所有权体系。

4. 探索自然资源资产定价

以市场为导向，根据资源的稀缺程度建立起有利于资源节约和环境保护的价格体系，同时加强对交易市场的协调和监督。具体是，以洱海的核心自然资源为对象，探索进行自然资源定价示范，逐步建立包括湖泊、河流、森林、山岭、草地、湿地等资源的定价制度。

5. 培育资源产权交易市场

充分培育环境资源产权交易市场，如碳交易和排污权交易市场等。建立完善的产权交易制度，保障环境资源产权交易市场的顺利运行。以市场为导向，根据资源的稀缺程度建立起有利于资源节约和环境保护的价格体系，同时加强对交易市场的协调和监督。

7.2.2 环境损害赔偿

环境损害是指因人类的各种生产生活行为致使区域性的公共环境资源受到污染或破坏，侵害了自然体的生态利益，有引起生态系统结构或功能发生不利变化的危险或产生了实际损害后果的事实状态，主要表现为区域性环境质量下降、生态功能退化。环境损害赔偿制度是一项环境民事责任制度，它建立的是通过对环境不友好甚至是污染破坏行为的否定性评价来引导人们不从事这些行为的机制。任何人或者企业，如果不依法履行环境保护义务，就可能承担巨额的赔偿责任。健全环境损害赔偿制度，是维护环境公平正义、公众环境权益与社会和谐稳定的重要保证。

健全环境损害赔偿制度，建立以环境损害赔偿为基础的环境责任、管理体系，合理、合法地追究环境破坏者的民事（经济赔偿）、刑事责任，一方面可以使污染者所负担的责任落到实处，可以真实地反映企业环境污染造成的经济后果，内化企业的环境成本，改变以牺牲环境和他人利益为代价的经济增长方式。另一方面，《中华人民共和国环境保护法》第四十二条对环境损害赔偿的规定较为宏观、笼统，并且对有些无法回避的现实问题未做明确规定。对此，洱海流域有关部门应认真加以研究，在实际中对环境损害赔偿的基本问题做出明确规定，以提高环境损害赔偿规定的可操作性，便于受害者提起环境损害赔偿诉讼和司法运用。

1. 加强理论研究

目前，对环境损害的界定、环境赔偿的根本目的、赔偿原则、赔偿范围、免赔条件、追溯时限等一些基本理论还没有具体界定；因果关系的确认、举证责任、赔偿程序、赔偿数额的计算等基本的政策、标准、规范尚未建立；环境侵权人对环境损害如何赔偿、损害后果超过环境侵权人赔偿能力时如何赔偿等现实问题还没有形成共识，更没有操作依据。

2. 制定赔偿原则

由于环境利益关系的复杂性，环境损害的对象是多方位、多层次的。既有环境损害，也有因环境损害间接导致的人身、财产损害；既有现实利益的损害，也有可预期的未来利益的损害；既有当代人环境利益的损害，也有对后代人环境利益的损害；既有公民环境利益的损害，也有公共生态环境利益（环境公益）的损害。造成环境损害的原因是多方面的，应针对不同的情形确定不同的损害赔偿原则。同时，还应考虑环境侵权当事人（企业）的经济状况。否则，就会出现法院判决却无法执行或因赔偿款导致企业的较大面积倒闭，环境损害赔偿也将难以实施。

3. 确立赔偿范围

现行的《中华人民共和国环境保护法》及其修正案都规定对直接受到损害的单位或个人进行赔偿，但对赔偿损失的具体范围未做进一步规定，对间接的及潜在的环境损害、公共生态环境的损害是否赔偿未做规定。这就使得在环境损害赔偿实践中容易产生漏洞，使赔偿陷入无法裁决的争议之中而难以实施。

就现行环境法规来看，尤其需要对潜在的损害和公共生态环境的损害赔偿做出明确规范。按照谁污染谁治理的原则，赔偿款显然应由环境侵权者支出。如果不进行赔偿，此项费用只能由社会公共财政负担。这其实是把本应由环境损害者负担的费用转嫁到了纳税人身上，显然违反公平原则。

4. 确定赔偿方法

《中华人民共和国环境保护法》第四十二条规定了排除妨碍、赔偿损失两种责任方式。但环境侵权造成损害是多层次的，因此环境民事责任实现的方法也应多样化。第一，恢复原状。恢复原状是针对环境功能结构损害的弥补。涉及不特定公众乃至后代人的环境利益，环境破坏者应通过各种努力恢复环境的应有功能和结构状况，以求代际平衡；当环境损害导致财产侵害时，恢复原状的费用为环境侵权行为加害人主要负担。因治理环境需要高额投入，而环境侵害财产的主体不是单一主体。因此，加害人必须预先支付恢复原状的费用。第二，金钱赔偿。金钱赔偿通常发生于被损害环境不能恢复原状，且造成财产流失、健康受损时，受害人可以要求以金钱弥补其损失。

5. 建立评估机构

加紧建立第三方鉴定、评估机构，培训专门人员。环境损害鉴定、评估工作具有很强的专业性。当前，尤其缺少具有权威资质的环境损害司法鉴定机构。

6. 出台专门法规

出台专门性的流域环境损害赔偿实施条例，明确界定环境损害赔偿的原则及范围、环境损害赔偿责任人和权利人、赔偿资金来源、赔偿数额的评估、赔偿程序等，增强其可操作性。

在人身损害、直接财产损害和精神损害赔偿等民事损害赔偿的基础上，确立对环境公益损害、间接财产损害和环境健康损害等事项的赔偿。构建环境公益诉讼制度，设立环境损害赔偿审判庭，设定追诉期限和管辖权。制定司法解释，将民事诉讼法已经规定的环境公益诉讼程序进一步具体化，形成可操作的司法规则。推行环境责任保险制度和环境损害赔偿风险分担制度，实现赔偿资金来源的多元化和多样化。

7.2.3 资源有偿使用

资源有偿使用制度，是指采取强制手段使开发利用自然资源的单位和个人支付相应费用的一整套管理措施。长期以来，流域资源开发使用过程中所造成的环境污染和生态破坏并没有包含在资源价格或产品价格中，不仅造成资源浪费和低效率使用，还极大地破坏了环境。以环境污染和生态破坏形式表现出来的"市场失灵"所造成的损失或者增加的成本，没有真实地反映在开发和生产的过程中。因此必须通过政府制定相应的政策机制加以调整，将环境费用纳入生产成本，实现环境外部成本的内部化。将环境确定为一种产权，形成资源有偿使用的机制。

1. 推动资源综合利用的法律化建设

根据资源综合利用的特点，调动各方面开展资源综合利用的积极性，合理解决资源综合利用管理体制，进一步明确资源综合利用法律主体之间的关系，建立科学合理的资源综合利用体系。在立法权限内，通过立法把一些行之有效的、比较成熟的资源综合利用基本管理措施指定为法律的监督管理制度，使其具有法的强制性和普遍约束力。

2. 建立资源综合利用的价格机制

按照维护自然资源可持续利用的原则要求，构建合理的自然资源价格的差比价关系，正确地处理自然资源与资源产品、可再生资源与不可再生资源、土地资源、水域资源、森林资源、矿产资源等各种不同资源价格的差比价关系；纠正原有的不完全价格体系所造成的资源价格扭曲，将资源自身的价值、资源开采成本与使用资源造成的环境代价等均纳入资源价格体系；通过完善资源价格体系结构，为资源有偿使用制度的实施提供体制保障。

3. 执行资源开采权的有偿取得制度

取消自然资源一级市场供应（行政无偿出让和有偿出让）的双轨制，使企业通过招标、拍卖等市场竞争手段公平地取得资源开采权。对此前无偿或者廉价占有资源开采权的企业均应进行清理。严格水土地资源有偿使用制度。从严控制行政征地，规范建设用地市场；重点建立农村集体经营性建设用地管理办法，实行与国有土地同等入市、同权同价，盘活农村集体建设用地。以苍山十八溪水资源有偿使用为试点，制定生态水资源有偿使用管理办法，按照用途、用水量和用水质量等区别定价，构建统一规范的水资源市场。

4. 做好资源有偿使用收入管理工作

发挥财政的配置职能，形成合理的资源成本分摊机制，将资源自身价值及开采费用、开采资源造成的环境恢复费用、资源开采生产的安全费用等共同成本合理地分摊到资源开采、资源产品和产品服务等产业链条之中；发挥财政的调节职能，将资源有偿使用的收入进行有效的分配，在中央和地方按比例分成的基础上，实行"专款专用"；发挥财政的监督职能，依据财经制度促使使用资源的经济成分准确、及时、足额地交纳有关税费，同时对造成资源有偿收入的税源和费源"跑冒漏损"现象进行检查验证。

5. 加强资源开发管理和宏观调控

营造公平、公开、公正的资源市场环境，形成统一、开放、有序的资源初始配置机制和二级市场交易体系，建立政府调控市场、市场引导企业的资源流转运行机制，通过市场对资源的有序配置，提高资源的利用效率，改变人们利用与消费资源的传统方式，以资源的永续利用保障经济社会的可持续发展。

7.2.4 生态环境补偿

生态环境补偿机制是根据生态系统服务价值、生态保护成本、发展机会成本，综合运用政府、法律和市场手段，调整生态环境保护和建设相关各方之间利益关系的环境经济政策，是落实生态文明的重要路径。按照"保护者受益、受益者付费、损害者补偿"的原则，进一步完善以生态补偿为主导的体制机制，综合运用经济、市场、舆论、行政等手段，由发展受益者、环境受益者对发展受损方、环境保护方进行规范、动态的补偿，为切实推进生态文明提供有效保障。洱海流域生态环境补偿机制的实施重点包括 4 个方面。

1.建立健全生态补偿的长效机制

生态补偿机制的制度化、规范化、市场化需要通过法律法规进行约束和支持。在借鉴国际、国内经验的基础上，"按照谁开发谁保护，谁受益谁补偿的原则"，尽快出台符合洱海流域实际情况的生态环境补偿条例，在取得试点经验的基础上全面推开，以实现生态环境的"善治"与长效。

2.实施环境税和生态保证金制度

环境税和生态保证金制度是补偿资金长期稳定的来源，是建设生态文明有力的抓手。根据洱海流域的具体情况，要把各种废弃、废水和固体废弃物的排放确定为环境税的课征对象，同时将一些高污染产品，以环境附加税的形式合并到消费税中。对新建或正在开采的矿山、林场等，应以土地复垦、林木新植为重点建立生态补偿保证金制度，企业需在交纳相应的保证金后才能取得开采许可，若企业未按照规定履行生态补偿义务，政府可运行保证金进行生态恢复治理。

3.建立多元化、可持续补偿机制

按照"谁开发谁保护，谁破坏谁恢复，谁受益谁补偿"原则，加快构

建和完善国家、区域、地方一体化，政府、市场、社会多元化的生态消费补偿机制。无偿提供技术咨询和指导，培养受补偿地区或群体的技术人才和管理人才，输送各类专业人才，提高生态提供者的生产技能、技术含量和管理组织水平，形成"生态消费"的立体化布局。

（1）完善政府在生态消费补偿中的主导作用。在现有的生态补偿机制基础上，围绕大气、水体、森林等生态基本要素，合理设计测算指标、权重分配和考核办法，研究制定更加合理的财政转移支付政策体系，包括财政财力补助政策、环境整治与保护补助政策、公益生态林建设补助政策和生态环境目标责任制、考核奖励政策等。以政府财力为主导，确立起有利于激发公众生态保护积极性的正确导向，为加强生态保护提供广泛而稳定的资金来源。积极争取国家纵向生态补偿基金支持，协调建立跨区域横向生态补偿机制，构建流域内部网络化、分级分类的生态补偿实施办法。

（2）确立市场在生态消费补偿中的主体作用。市场生态补偿机制，是一种真正意义上的"绿色消费"，通过市场化的手段，使生态的保护者、提供者和受益者之间形成一种良性互动，更有利于推进生态文明建设进程。制定实施排污许可证制度，探索污染物排放总量初始权有偿分配办法，构建排污权交易市场，以经济杠杆推动生态消费成本内部化。

（3）发挥社会在生态消费补偿中的补充作用。制定流域污水排放和垃圾处置管理办法，明确污水排放和垃圾处置分区分类收费标准，通过社会分摊完善生态消费补偿机制。

4. 推进建立生态补偿的评估体系

生态环境效益的计量、环境资源的核算等技术层面的问题决定生态环境的补偿标准、计费依据及如何横向拨付补偿资金等一系列问题，即生态保护职责和生态补偿是否对称的问题。因此，应加快建设科学的生态环境评估体系，推动生态环境的定性评价向定量评价的转变，为生态环境补偿机制有效地完成实施目标提供相应的技术保障。

7.2.5　财政与税收

生态资本是指存在于自然界可用于人类社会经济活动的自然资本，因为现代生态系统已经是人化的自然系统，只有投入一定量的劳动和资本，才能再生产出维持人类生存和社会经济发展程度所需的使用价值。如果要保持这种投资的持续性，就要通过制度创新保障生态资源保护者的合理回报，能够有效地激励人们从事生态投资。财税政策对环境资源具有重要的调节作用。近年来，洱海流域根据中央政府的统一安排，把环境要素纳入了依法征税的轨道，但仍明显落后于环保形势发展的速度，对环保的投入力度仍明显偏弱。用于环保方面的治理资金渠道狭窄，主要来源于企业自筹或环保补助金，国家财政直接支持较少，缺乏对综合性生态项目的具体财税优惠政策。

1.改革财政支持政策

（1）构建财政政策支持体系。在现行财税体制下，充分运用财政政策支持生态环境建设，不断探索适应市场经济的新思路、新方法和新机制。充分认识生态环境建设的深远意义和影响，突出生态环境建设的长期效益；将改善生态环境作为支持生态环境建设的切入点，牵头出台各项支持政策，加大地方财政对生态环境建设的投入力度。

（2）建立政府公共财政预算制度。在地方政府财政支出预算科目中建立生态环境建设财政支出预算科目，主要用于重点工程建设，或用于银行贴息，间接支持重点项目。

（3）争取国内外援助。科学规划，合理论证，力争进入国家对生态环境建设的专项补助范围，包括对退耕还林还草的补贴、对公益性项目的配套补助、对治理和改善生态环境的专项补助，以及扶持高新技术企业、循环型企业的贷款贴息等。争取更多的外国政府贷款项目、世界银行贷款项目和双边、多边援助项目，并引入生态环境建设和循环经济构建之中。

（4）建立可持续的投融资体制。以财政支持为基础，推动建立投资来源多渠道、投资主体多元化的生态环境和循环经济的投融资体制。同时，争取中央财政支持，增强地方自我开发能力，通过实施建设-经营-转让（build-operate-transfer, BOT）投资方式、贷款担保、财政贴息等政策，鼓励和引导民间资本和外国资本向生态环境工程和循环型经济项目流动。

2.确立税收支持政策

税收优惠是推动生态环境建设投资的一项重要措施。国际上通行的做法是实行差别税率和对投资实行减免税等，即通过制定相关法律、法规，对生态环境建设和循环型经济实施税收优惠和差别利率，调动生态环境项目和循环型经济项目投资主体的积极性。在操作权限内，洱海流域地方财政应对生态环境工程和循环型经济项目实行全面的税收优惠政策，具体做法包括以下4种。

（1）在一些重点地区设立生态环境工程和循环经济的保税区，增加这些项目的诱惑力，吸引国内外投资者参与该区域的项目建设。

（2）放宽征税条件。对污染少、资源能源消耗低、生态友好型的循环型企业，放宽增值税、所得税的征收条件，使企业得到税收实惠。

（3）先征后返。对生产绿色食品或资源开发企业实施免征或全额返还资源税，免税或返还部分作为国家投资，继续用于资源开发和保护；对生态经济或循环经济协作项目，在税收上也可以采取先征后返的优惠措施。

（4）退耕还林、还草、还牧的农民从事其他经营性活动的，给予免税或减税；对治理荒山、承包造林等行为给予税收减免。

3. 财税联动机制构建

财税联动机制在于既要保证政府支出的来源，又要实现减税优惠，鼓励生态环境和资源循环利用的投入，在动态上保证财政收入的增加同时满足政府生态环境投入的需求。第一，取消或改革不利于环境的补贴政策，减少政府不必要的支出。特别是，适当调整农产品价格补贴。第二，调整现行优惠税收政策，切实发挥税收对生态环境建设和循环经济发展的正向激励作用。第三，改革排污收费制度，由超标收费向排污收费转变；由单一浓度收费向浓度与总量控制相结合转变；由单因子收费向多因子收费转变；由静态收费向动态收费转变；由低标准收费向高于治理成本收费转变；最大限度地发挥排污收费资金的使用效果。第四，合理调整税收结构，实施税收制度改革，实现财政税收动态协调，将生态环境考虑在税制设计中，使税收体制更加符合市场经济和生态环保要求。

7.2.6　投资与融资

投融资体制是生态文明建设的核心和"瓶颈"，它不仅决定着生态建设巨额资金的筹措和运用，而且作为经济与生态的接合部，集中反映了生态经济的各种关系。当前，洱海流域生态环境建设投融资机制正处于转轨时期，市场化的商业运作机制尚未完全建立起来，投资主要来自政府的投资和政策性金融的专项贷款。总体上讲，居于主导地位的政策性金融存在总量不足、范围过窄、力度不够的问题，商业性金融则发育不足。

1. 坚持政策性金融主导地位

近期，不仅应坚持政策性金融的主导地位不能改变，而且要加大改革和支持力度，采取多种措施发展政策性金融，加强政策性金融商业化运作，合理划分政策性金融的进退领域。

2. 加大商业性金融支持力度

在政策性金融机制得以完善和健全的同时，商业性金融要逐渐渗透，加大商业性金融的支持力度。采取多种运作方式，扩大商业性金融渗透的领域，使其地位向主导化方向转变，明确划分商业性金融的进退领域。

3. 积极利用国外资金

当前，环境合作项目成为国际金融组织和工业化国家向发展中国家提供优惠援助的领域。我国在利用全球环境基金、世界银行、亚洲开发银行等国际金融组织和双边政府援助方面取得了较大进展。在此背景下，洱海流域要积极在生态工程和循环型经济项目中引入国外资金，弥补资金不足。

洱海流域生态文明建设中市场制度方案计划主要内容如表 7-2 所示。

表 7-2　生态文明市场制度方案计划主要内容

名称	主要内容
自然资源产权	建立自然资源资产管理机构，进行自然资源资产确权登记，界定自然资源资产权益，探索自然资源资产定价，培育资源产权交易市场
环境损害赔偿	加强理论研究，制定赔偿原则，确立赔偿范围，确定赔偿方法，建立评估机构，出台专门法规
资源有偿使用	推动资源综合利用的法律化建设，建立资源综合利用的价格机制，执行资源开采权的有偿取得制度，做好资源有偿使用收入管理工作，加强资源开发管理和宏观调控

续表

名称	主要内容
生态环境补偿	建立健全生态补偿的长效机制，实施环境税和生态保证金制度，建立多元化、可持续补偿机制，推进建立生态补偿的评估体系
财政与税收	改革财政支持政策，包括构建财政政策支持体系、建立政府公共财政预算制度、争取国内外援助、建立可持续的投融资体制；确立税收支持政策；构建财税联动机制
投资与融资	坚持政策性金融主导地位，加大商业性金融支持力度，积极利用国外资金

7.3　公　众　参　与

7.3.1　信息公开

环境信息公开,是指政府和企业及其他社会行为主体尊重公众知情权，向公众通报和公开各自的环境行为以利于公众参与和监督。因此环境信息公开制度既要公开环境质量信息，也要公开政府和企业的环境行为，为公众了解和监督环保工作提供必要条件，这对加强政府、企业、公众的沟通和协商，形成政府、企业和公众的良性互动关系有重要的促进作用，有利于社会各方共同参与环境保护（王金南　等，2019）。

1. 公开原则

环境信息公开的基本原则应该体现在环境信息公开法律法规中，可作为环境信息公开实施全过程的指导性行为准则。主要包括 5 个方面。

第一，全面与充分原则。环境信息的公开必须全面、充分，不仅包括信息公开内容的全面与充分，还包括信息公开的范围应该充分，让更广泛的公众能够享受到环境信息的知情权。洱海地区政府应保证居民可以通过网络查到任意时刻城市的空气质量情况。此外，在环境信息发布范围上除空气、水质信息外，还需提供噪声、土壤、放射性指数等环境要素信息，构成一个全面综合的环境信息系统。

第二，有效与真实原则。环境信息的公开必须做到真实有效，不应只考虑对企业的影响力，而发布一些不真实的信息。有效的环境行为信息会影响企业的环境声誉，因此，公开企业环境行为必须要做到环保认可、企业认可、群众认可。如果公众对环境信息的真实性和可行性产生怀疑，该制度的执行就会大打折扣，因此，信息公开必须坚持公平和公正，坚持客观真实，坚持从严要求，坚持监督、指导和改进。

第三，科学与通俗原则。有效的信息公开化制度必须依赖一套完整、统一的指标体系，并运用相应的定量分析方法将企业环境行为表现转化为简单的衡量数据，赋予不同的颜色特征，从而使企业的环境行为表现具有可比性，同时也便于群众直接了解该制度的实质。要使该制度长期发挥作用并保持长久的生命力，必须在该制度的使用过程中，根据企业的整体环境行为表现和环境要求不断改进和完善。洱海地区在未来环境信息公开上，应努力实现环境信息的通俗化。不但要把各项数值公布于众，还要做到通俗易懂，比如用一些不同颜色条块或漫画等形象化手段来帮助公众看懂信息，要让老百姓理解这些数字，即什么样的污染程度会对生活会造成什么样的影响，以及为什么会造成影响。其次，环境信息公开还要做好相关配套工作，即在信息发布后要让企业和民众知道该采取怎样的措施来应对严重的污染。

第四，例外原则。在政府信息公开中，政府机构对公开的政府信息要加强管理，以防止由于信息公开损害信息当事人的权利，同时要防止因为信息公开而损害国家、公众和公司法人的利益。因此，在洱海地区政府进行环境信息公开的同时，必须加强政府信息管理。在政务公开中，国家秘密保护存在两个相互矛盾的突出问题。一是保密范围过宽，政府为了减少信息公开量，将本不属于保密的文件也作为保密文件；二是泄密渠道增多，信息技术的发展使得信息的保密存在诸多问题。因此，洱海政府在公开环境信息时，要处理好公开与保密的关系。公开是原则，保密是例外，公开与保密并重。

第五，注重公众参与。知悉、参与、维护是公民行使环境权的一般过程。它们不是孤立的，而是环环相扣、紧密联系的。积极推动公众参与过程中的信息公开是保障公民环境利益得以实现的重要手段。虽然在参与过程中，公开不一定就公平，但公开是公平的前提。公开与公众参与相互联系，公开应贯穿于公众参与的各个阶段，从而达到在公开中实现参与，在参与中扩大公开的目的，这样才能有效地保证公平的实现。随着公民环境意识的提高，各地环保组织逐步壮大，成为环境保护工作中的一支重要力量。应当发挥环保组织在环境信息收集方面的优势，扩大政府环境信息的来源，并且可以通过政府的认可，将环保组织作为政府环境信息的正规发布渠道。

2. 公开内容

政府掌握的环境信息是指政府机构为履行环境保护职责而产生、获取、利用、传播、保存和处置的信息。洱海流域公布环境信息内容时，可结合目前我国公开的环境信息内容，主要包括：①大理州的环境状况公报，由政府环境管理机构根据《中华人民共和国环境保护法》向全社会发布，主要内容包括环境质量状况、环境建设情况、污染防治和生态保护、环境保护工作进展等方面；②洱海流域环境状况公报；③大理市空气环境状况周（日）报，以空气质量指数形式公告空气环境状况；④洱海地区企业环境信息公告，主要包括洱海地区先进企业评比、环保目标责任制考核、污染源达标、污染限期治理和公众参与等。

实际中，更多人关心的是自己的切身利益，而不太关心未发生但潜在的危险。公众对信息的要求不在于污染的治理，真正想了解的是目前的居住环境对身体是否会造成损害。因此环境信息公开的最终目标应是告诉公众环境是否威胁其生命健康，而并非泛泛而谈污染等级。污染等级对于不懂那些专业术语的公众来讲，毫无意义。因此洱海环境信息公开的内容应该重在环境法规执行情况、环境质量情况、环境治理和污染物利用情况方面，主要包括三种类型：①环境及各环境因素的基本状况信息（环境质量状况），如大气、水体、土壤的质量状况，以及它们的质量状况对洱海地区居民活动的影响；②影响和破坏环境的活动方面的信息，例如污染物排放、有害物质的使用、有害产品的制造方面的信息；③洱海地区政府为保护和改善环境而采取的措施和活动，既包括具体的行政措施，如行政许可、检查监督等，又包括为保护环境而制定的计划、规划等。

值得注意的是，基于公众的知情权，政府有义务对其掌握和涉及的环境信息予以公开，但并非所有的环境信息都应当公开，这主要包括两种情况：①出于保护国家利益的目的。可以基于国防安全、公务机密、公共安全予以排除；②防止危害环境利益。如果环境信息的公开影响环境利益本身的维护，则应当予以排除。例如洱海地区某些稀有动物的栖息地和植物的产地一旦曝光，可能招致好奇者或收集者的干扰，进而影响其生存空间。

3. 公开方式

环境信息公开的方式通常有两种：一是行政机关或企业等义务主体主动的公开，二是依公众申请的公开。对第一种情况，可采取灵活多样的主动公开形式。将政府主动公开环境信息与为公众提供环境信息服务有机结合起来，加强对环境信息的收集、整理、分类和加工，不断满足公众对环境信息的需求。行政主体既可以通过政府公报公布行政信息，也可以通过出版、印制小册子及提供阅览的方式公开行政信息，还可以通过新闻发布会、媒体及公告栏、通知、会议旁听等方式主动公开。此外，由于信息技术的发展，通过政府网站公开已成为信息公开的普遍做法，但是从目前来看，网站应该进一步发展和完善信息公开的功能，除一些大而泛的信息以外，洱海地区的环保行政机关的网站应考虑信息公开的及时更新，也可设立 BBS 论坛，使洱海公众能更好地进行环境保护的讨论。对于城乡社区的环境问题，与公民生活紧密相关的环境污染问题也应及时在网上公布。除用文字或表格单纯公开环境信息外，还可对环境信息进行评论，主要是对所公开的环境信息的后果及影响进行评论，从而使公众更理解环境信息的重要性。

对第二种情况，依当地公众的申请提供环境信息。公众在申请时应该遵循程序、条件，政府机关在收到申请时应尽快回复公众的信息要求，至迟不得超过 2 个月，如果拒绝必须说明理由。认为自己的信息要求被不合理拒绝或者不充分回应时可以寻求司法机关的帮助。

4. 支撑体系

环境信息公开制度要想取得预想的效果，不仅仅要看其自身是否科学、完善，相应的支撑体系也非常重要，需要建立一套政府引导、公众参与、社会各行业联动的支撑体系。

第一，加强政府和公众的环境保护意识教育。这是做好环境信息公开工作的基础和前提。一是要采取切实措施加强对政府机关的环境保护意识教育，使其在制定各种行政决策的时候首先考虑环境保护。二是要采取"三驾马车"并驱的模式，即行政教育、基础教育、舆论教育并举的模式，加强公众的环境保护意识教育。

第二，建立政府环境信息公开快速反应机制。环境信息公开的义务主体应当建立专门的机构与新媒体进行合作，以应对突发事件的快速反应，利用新的传播方式公开所掌握的环境信息。

第三，建立、健全政府环境信息公开激励机制。政府部门进行环境信息公开时，可采取一定的激励措施，促进政府部门积极公开环境信息。主要方式包括：通过公开的方式表扬积极贯彻环境信息公开的部门，树立正面典型；对环境信息公开表现良好并且符合政府要求的企业优先给予环保专项资金项目、清洁生产示范项目等，或者优先安排主要污染物总量减排资金补贴等。

第四，充分发挥环保组织的作用。环保非政府组织（environmental non-government organization，ENGO）是专门处理环保事务或以环境保护为目标开展活动的非政府组织，具有民间性、组织性、自治性、志愿性、公益性等性质。一般来说 ENGO 不仅教育和引导群众，又是联系政府与公众的桥梁之一。它能够通过网站、活动、组织等一系列的方式，及时、准确地对环境信息进行反映，吸引公众目光，以此教育和引导公众，促进公众参与。ENGO 在监督政府的环境信息公开，以及鼓励和培养公众积极参与公共事务建设方面，都发挥重要作用。其特殊的身份地位决定了其可以以特殊的方式来完成政府难以完成的环境保护任务，所以洱海地区政府应当充分发挥 ENGO 的作用，使其为洱海环境信息公开制度服务，进而起到保护环境的目的。

第五，建立环境信息公开的信息反馈平台。该平台首先应当具备在环境信息公开后与公众及时交流的能力，因为环境信息公布并不代表环境信息公开工作就圆满完成了，环境信息公开工作不能为了公开而公开。在环境信息公开过后，更需要环境信息公开的义务主体及时了解公众的反馈，这样有利于生态环境部门了解公众的态度，以便进行环境政策的决策和环境问题的处理。

其次，该平台应当具有接受公众举报环境信息的能力，很多时候由于地方生态环境部门人员或者是设备等种种原因，不能及时地发现存在的环境问题，而环境问题由公众发现了并且通过环境信息公开反馈平台及时地通知生态环境部门，此时生态环境部门就能够第一时间做出反应，及时地处理被反馈的环境问题。

最后，环境信息公开的反馈平台还应当做到能够及时公开对公众反馈的环境信息的处理情况，进行及时的沟通。

7.3.2　公众参与

2014 年，环境保护部出台《关于推进环境保护公众参与的指导意见》，对环境保护公众参与做了明确定义："环境保护公众参与是指公民、法人和其他组织自觉自愿参与环境立法、执法、司法、守法等事务以及与环境相关的开发、利用、保护和改善等活动"，并指出，公众参与环境保护是维护和实现公民环境权益、加强生态文明建设的重要途径，是建设社会主义生态文明的力量源泉。积极推动公众参与环境保护，对创新环境治理机制、提升环境管理能力、建设生态文明具有重要意义。从性质上看，公众参与首先是环境法中的一项重要原则和基本制度，其次，它也是一项重要的公众参与环境保护的程序性权利。

现阶段，洱海流域公众对与自身利益密切相关的饮用水污染、大气污染、噪声污染、生活垃圾、食品安全等浅层生态环境知识有较多的了解和关注，而对与人们日常生活关系相对较远的更深层次生态环境问题（如野生动植物保护、耕地减少、森林破坏、水体污染等）关注较少。随着各种形式环境保护运动的深入开展，珍惜资源、爱护环境、绿色消费的意识已经渗透到公众日常生活的方方面面。但是，公众参与环境管理的程度低、对政府依赖心理重，主动参与生态文明建设的主体作用还没有充分发挥出来。

1. 参与主体

环境保护公众参与中的公众不是单一群体，而是多样化、持续变动的利益集合体。邻近关系、经济关系、使用关系、价值关系等均是确认环境问题所关联的"公众"的重要标准。具体而言，洱海流域的公众可归纳为民众、社会组织两个类型。

第一，民众。环境问题在流域范围内的普遍化和严重性，以及因此而对民众切身利益乃至生命安全构成的巨大威胁，将促使民众从环境保护角度对政府提出更多、更高的要求，要求获得更多的发言权和参与机会，促使政府决策、政府管理和评价等朝着可持续发展方向迈进。对现阶段洱海流域生态文明建设来说，民众是公众参与制度的主体。因此，应该加大对民众的关注度，充分赋予民众参与决策、监督等权利，并激励民众充分积极参与，充分发挥民众的主观能动性。

第二，社会组织。民间环保组织是以保护生态环境为特定目标而组织起来的社会团体，它们作为政府、企业之外的新角色，广泛参与环保领域的社会活动。环境污染危害往往具有区域性与集体性，因此 ENGO 能为环境保护公众参与提供自下而上的组织途径，成为公民维护自身环境权益的代言人。

就洱海流域而言，其主要任务就是促进民间环保组织合法化，使一些民间环保组织不断通过赢得合法性以寻求自己的发展空间。政府部门应加强政策扶持力度，改善民间环保组织发展的外部环境。然而，其环境行动需要坚守合法性的底线，并强调对公众公开其资金使用状况，实施透明化管理。随着法律和相关制度的完善，环保组织将会进一步推动流域的环境治理模式变革。

2. 参与范围

公众参与范围即允许公众积极参与的环境保护事务范围。现阶段洱海流域环境保护公众参与的范围，具体包括 5 个方面。

第一，环境管理的预测和决策。政府在制定环境法律、法规、规划前应广泛听取公众意见，公布法律草案，并注重回收、分析公众对草案提出的意见和建议。重点关注涉及新设行政许可的、涉及公众环境权益的，以及媒体和公众关心的热点、焦点问题等。畅通公众参与渠道，通过召开立法听证会、专家论证会等形式，广泛听取专家学者和社会各界的意见，拓宽公众参与立法的范围，并建立环境政策决策专家库和专家网络。

第二，环境管理及保护制度实施过程。在环境法律、法规、规划的实施过程中，公众有进行监督的权利，并可以对实施情况提出意见。这一过程是环境保护公众参与的关键，能够保证环境管理行为和环境决策执行的顺利实施。

第三，组成环保团体。这是公民参与环境保护的重要形式，积极鼓励他们广泛参与环境保护的各项行动，依法追究妨碍环保团体行使其权利的公职人员和公民的责任。

第四，环境纠纷的调解、环境请求权。建立环境纠纷调解委员会，其组成人员应包括以下几个方面：法律界人士、舆论界人士、环境专家、医务人士、工业界人士、商业界人士及政府官员等。环境请求权是指公民的环境权益受到不法侵害以后向有关部门请求保护。任何公民可代表自己对政府及其他机构或环保部门提起诉讼，指控他们违反了相关规定的排放标准或未能履行相关职责。

第五，环境科学技术的研究、示范和推广等。各参与主体根据自己的技术或理论专长，积极参与相关的科学技术研究、示范和推广等工作。

3. 参与途径

公众参与途径主要包括以下几种方式：咨询委员会、非正式小型聚会、一般公开说明会、社区组织说明会、公民审查委员会、听证会、发行手册简讯、邮寄名单、小组研讨、民意调查、设立公共通讯站、召开记者会回答民众疑问等。

各参与途径在双向沟通、公共接触程度、处理特定利益的能力等方面有强弱之别，就告知教育、探询争议、解决问题、意见回馈、评价与建立共识等方面，亦各有所长，因此可以视事件的内容与性质做不同的组合运用。

4. 参与方式

第一，预案参与。预案参与是指公众在环境政策、规划制定中和开发建设项目实施之前的参与，是公众参与的前提。综合决策部门或环境保护主管部门在制定环境政策、法规、规划或进行开发建设项目可行性论证时，要征询公众意见。环境影响报告书中有关对环境影响的内容，要设置公布的方式、时间及征求公众意见的方式和时间。环境保护主管部门行政许可时，对公众的意见或建议吸取与否，要作出说明。听取意见或建议的方式可采取问卷调查、专家咨询、公众听证会、公众代表座谈会等形式。决策出台前的论证会要请公众代表参加，决策出台时要以适当的形式公布于众，公众都不认可的环境决策不能出台。

第二，过程参与。过程参与是指公众对环境法律、法规、政策、规划、计划及开发建设项目实施过程中的参与，是公众参与环保的关键，是监督性参与。在各项环境政策、法律法规、规划及建设项目、区域开发等决策的实施过程中，要随时听取公众意见，接受舆论监督。可采用环境信箱、热线电话、新闻曝光等方式，充分发挥人民代表、新闻记者和街道、乡镇环保员的作用。同时，定期召开公开的信息发布会，一方面保证公众的知情权，另一方面使广大公众理解、支持环保工作的目的，并进一步征求意见，以保证环境、经济行为的全过程符合环境法的规定。

第三，末端参与。末端参与是公众参与环保的保障，是把关性参与。一是对"三同时"和限期治理项目验收时，要请公众代表参加；二是对有关环境污染和生态破坏的信访的办理，要尊重信访者的权利，保护信访者的利益，对信访者要有明确的答复；三是对环境纠纷的处理，要充分听取群众的意见和要求，处理意见和结果要以听证会的方式与群众见面，对公众不认可的处理予以否决。

第四，行为参与。行为参与是指公众自觉参与保护环境，是公众参与环保的根本，是自为性参与。一是面向社会、面向公众进行环境宣传教育，提高环境意识、法制观念，提高公众保护环境的自觉性；二是街道、居委会、乡村要制定村民环保的乡规民约，明确公众自身的环保责任和义务，形成全民保护环境、热爱环境的社会新风尚，实现监督参与和自我约束的有机结合；三是建立与之相应的知情、表达、监督、诉讼机制。

5. 推动机制

第一，确保公民的环境信息知情权。进一步督促流域环保行政机关和生产企业认真执行《环境信息公开条例》的相关规定，自觉履行《环境信息公开条例》规定的责任和义务，保证及时、准确地向公众公开完整真实的环境信息，确保公众的知情权。

第二，完善公众参与的地方立法。政府及其环境保护部门在制定环境政策、环境保护规则之前，以及在执行地方环境立法中，除涉及国家机密外，必须公开征求公众的环保意见。在环境政策、环境规则制定过程中，政府或其生态环境部门应举行公众代表听证会，或在主要媒体上发布政策、规划草案和计划等，公开征求公众意见，认真考虑公众提出的环保意见。可从以下方面完善公众参与环境保护的制度体系：首先，完善环境立法听证制度，规范立法听证程序，拓宽环境立法听证范围，凡是涉及公众的切身利益的环境立法，必须实行环境立法听证会；建立和规范环境公益诉讼制度，扩展环境行政诉讼中原告的范围，改革现有的诉讼模式，任何公民都可以起诉损害或者可能损害环境的行政行为；建立环境保护有奖举报制度，提高公众举报环境违法行为的积极性和主动性，由此来推动环境保护的公众参与。

第三，支持并规范环保非政府组织的发展。政府应正确理解非政府组织，并深入了解活跃在社会经济发展和国际活动的非政府组织的作用和必要性，保护和促进其发展。政府可以规范环保非政府组织准入制度来规范和支持环保非政府组织的发展。政府还要及时修订和完善我国的信息反馈系统，让环保非政府组织的意见可以被及时吸收。

第四，加强宣传教育，开展舆论监督。广泛宣传，促进公众了解洱海流域水环境治理工作的艰巨性和复杂性。增强公众的环境忧患意识，倡导资源节约、保护环境和绿色消费的生活方式，引导农民采用资源节约、环境友好的农业生产技术，促进农民积极参与面源污染控制。充分发挥新闻媒介的舆论监督和导向作用，提高广大公众积极参与水环境保护的积极性和责任感，形成全民参与环境保护事业的氛围。利用舆论监督流域管理部门依法行政，加强公众对政府与企业的监督。

7.3.3　舆论监督

舆论监督制度即通过完善法制体系等，对公众和新闻媒体等社会组织的舆论监督权利进行保护和规范。目前，洱海流域环境保护舆论监督缺乏制度保护，对舆论民主监督职能造成消极影响，以致舆论监督职能的弱化，难以发挥其应有的监督作用。

1. 监督主体

舆论监督的主体包括公众和新闻媒体。首先，鼓励公众参与，改善政府工作。舆论监督制度能够鼓励公民关心公共事务，激发公众的公民意识和参政热情。对敢于揭露社会不良现象的公民，要给予法律上的保护和精神、物质上的鼓励，从而带动更多的民众参与舆论监督工作。

其次，建立、完善新闻舆论监督制度和规范，要从操作程序和运作规程上建立起有效的制度保障，形成规范化的管理，建立民主化的公共决策程序。具体可以从以下几个方面着手：确立新闻舆论监督选题、稿件和节目的审批与撤销的标准和机制；明确规定不能阻止报道的内容；对实行信息公开的领域允许媒体自由采访报道；对新闻舆论监督稿件应当确定一个大体的比例；清理不利于新闻舆论监督正常开展的文件和规定；此外，还要建立相应的奖励与激励机制，给予进行舆论监督的媒体和记者更大、更多的精神支持和物质鼓励，尽可能减轻其精神上的压力。

2. 监督范围

在舆论监督制度的建设中，应该明确规定新闻媒体的舆论监督范围。如"全市党政机关、行政执法机关、司法机关、事业单位和群众团体的公务活动，除涉及国家安全、机要和保密工作外，都必须接受新闻舆论监督""任何单位、部门、个人都应该密切配合，如实反映情况，不得拒绝、抵制、隐瞒""批评性的报道刊播前，各新闻传媒要确保事实确凿，但任何被批评对象不得要求审稿"。要明确规定媒体在行使新闻舆论监督权利时的应有采访权和自主权，比如针对科局级及以下干部的批评报道时，媒体可以自己决定，避免需要到处请示而耽误或干扰舆论监督工作。

有关部门和单位应当及时清理以往有关新闻舆论监督方面的文件、规定，将那些与当前中央有关新闻舆论监督文件精神不相符的，不利于新闻舆论监督顺利开展的内容删除，以便为新闻舆论监督提供更加宽松的环境和更加有效的支持。主管部门还可以根据以往的经验和做法，对一些不能阻止报道的内容做出明确规定，给媒体更大的自主权。例如可以规定对群众关注的重大事件和问题（包括一些突发事件等），在不涉及保密的情况下允许媒体报道等。列入规定内的不能阻止报道的内容，任何单位和个人不能任意阻挠媒体进行采访报道。要从法规、政策和制度上解决一些单位和个人利用手中的权力任意剥夺媒体采访报道权的现象。

3. 监督途径

第一，与公众监督相结合，架起政府与公众之间的桥梁。舆论监督，归根结底是广大人民群众的监督，新闻媒体仅是公众监督的执行者而已，因此舆论监督离不开广大人民群众的支持与参与，新闻媒体是党和政府联系人民群众的桥梁和纽带。

第二，与相关部门配合行动，增强舆论监督的权威性。舆论监督辐射面宽、影响力大、干预性强，它所起的作用是司法监督、行政监督无法替代的。而新闻监督说到底就是舆论监督的一种表现形式。不足之处是由于各种原因，出现批评不到位、不准确或轻重尺度没把握好，从而引起纠纷。另外，舆论监督与司法监督、行政监督不同，它没有强制性，新闻单位也不同于政府职能部门，监督中存在局限性。针对这些，可采用与相关部门联合行动的策略。

第三，新闻曝光与内参上报相结合，增强舆论监督的实效。新闻工作者在实施舆论监督的过程中，把舆论监督作为克服工作中的缺点和失误、促进党风和社会风气好转的一种手段。对于有些群众反映强烈、政府和有关部门能够解决的问题，实施新闻曝光监督。而对于一些敏感和复杂的问题，如果进行公开监督后容易或可能给党和政府的工作带来负面影响的，这就需要以内参的形式上报，也同样可以引起领导和有关部门的重视。

第四，传统舆论监督途径与新兴舆论监督相结合。网络舆论监督是随着社会的发展而出现的一种新兴舆论监督方式，是指社会公众利用互联网为平台，通过网络技术如电子数据库、电子课件等和各种网络形式如网页、电子邮箱、电子留言板、虚拟社区等，对掌握一定社会公共权力者行使权力的行为进行监督，以达到为民所用的目的。网络舆论监督既不完全等同于新闻媒介的监督，也不完全等同于非新闻媒介的监督，它是介于两者之间的一种复合形态。要积极推进网络诚信建设，实现网络舆论监督健康发展，逐步实现网络舆论监督的制度化。

4.舆论监督制度建设的主要内容

第一，加强新闻立法，推进舆论监督法治建设。对新闻舆论进行法治化管理，使其明确权利与责任，以便更好地发挥舆论监督作用。使其职责义务法治化，减少行政影响和政治干扰，以便更好地反映社会大众的呼声，反映平民政治利益。这些都有助于新闻舆论的形成和发展，有助于扩大社会舆论的政治影响。加快广播、电视、书刊、网络等新闻传媒的体制改革，有步骤地开放增加新闻舆论评论的空间，适当增设像焦点访谈、新闻调查和东方时空等类型的节目，有助于对重大社会问题形成强有力的舆论支持。

第二，健全舆论监督与其他监管部门的协调配合机制。舆论监督固然要揭露违法犯罪行为，批评不良社会现象，促进问题的解决。但是，舆论监督毕竟只有舆论的影响力，而无执法上的制裁性和强制性，不能直接解决问题。因此，必须做到舆论监督与其他监督形式有着共同的目标，舆论监督与其他监督形式监督部门相互配合，可以大大提高监督的效率。

第三，加强基层民主政治建设，不断拓宽舆论反馈渠道。积极引导社会大众的政治参与政治热情，扩大参与途径。加快改革传统体制下新闻舆论官僚化之弊，促进新闻舆论由政府化向社会化的转化，推动社会舆论机制不断趋向成熟。

第四，加强对网络舆论平台监管，引导舆论监督的正确方向。通过制定相关的法规、条例，对公民、新闻媒体在网络平台上披露、评论政府机构和社会不良现象的行为进行管理，保护知情人和揭发人的隐私和人权；规定政府在网络平台上公布相关信息，让公众参与到政府工作的监督。

洱海流域生态文明建设中公众参与方案计划主要内容，见表 7-3。

表 7-3　生态文明公众参与方案计划主要内容

名称	主要内容
信息公开	制定信息公开原则，明确公开内容，确定公开方式，加强信息公开的支撑体系建设
公众参与	参与主体限定为民众、社会组织；参与范围包括环境管理的预测和决策、环境管理及保护制度实施过程、组成环保团体、环境纠纷的调解、环境请求权、环境科学技术的研究、示范和推广等方面；参与途径包括参加咨询委员会、非正式小型聚会、一般公开说明会、社区组织说明会、公民审查委员会等方面；参与方式包括预案参与、过程参与、末端参与、行为参与等；推动机制建设包括确保公民的环境信息知情权、完善公众参与的地方立法、支持并规范非政府组织的发展、加强宣传教育，开展舆论监督等
舆论监督	舆论监督主体包括公众和新闻媒体，明确规定新闻媒体的舆论监督范围；注意与群众监督相结合、与相关部门行动相结合、与新闻曝光及内参上报相结合、传统途径与新兴途径相结合

7.4　法　律　法　规

生态文明制度建设和实施要强化法制保障支持。要将生态文明制度建设纳入法治轨道，加大政府政策扶持力度，切实落实责任，为生态文明制度建设和实施提供强有力保障。健全的生态文明法律制度既是生态文明建设的标志，也是保护生态文明建设成果的屏障（解振华，2019）。洱海流域的法律制度建设仍然存在较多问题，主要表现为法律体系不系统等方面，尤其是各单行法一定程度上割裂了生态的系统性、整体性，从而难以达到整体保护生态的目的。

7.4.1 法律规章和标准

充分利用民族自治州立法权，抓紧建立、健全流域生态文明建设的法律、法规体系；完善相应的地方性规范文件和配套实施细则，提高资源环境法律和规章的适用性；探索建立产业准入的能耗、水耗、物耗、地耗和污染物排放标准；完善分地域、分行业的绿色矿山建设标准，依法制定更加严格的节能环保地方标准、产业准入环境标准和碳排放标准，强化资源节约和环境保护质量标准的导向作用。

7.4.2 法规执行和监管

1.严格自然资源用途管制

依照相关法律法规，加强自然资源用途监管。划定生产、生活、生态空间开发管制界限，落实用途管制，控制开发强度。

土地利用红线：包括城镇发展边界红线和耕地保护红线。坚持最严格的耕地保护和节约集约用地制度，从严控制非农建设占用耕地尤其是坝区优质耕地，抓好低丘缓坡土地综合开发利用；严格执行林地定额管理，控制工程项目占用林地；加强建设用地空间管制，优化工矿用地结构和布局，重点保障基础设施用地；积极实践农村土地流转制度，推行节地型和紧凑型城镇更新改造，提高土地利用效率；积极盘活存量建设用地，鼓励开发城市地上地下空间，挖掘各类闲置土地、低效土地和废弃土地的利用潜力。

环境保护红线：包括生态红线和水资源开发利用控制红线；划定生态红线，严守洱海保护红线；加强各类水域综合管理，逐步确立水资源开发利用控制、用水效率控制、水功能区限制纳污的"三条红线"。

2.严格污染物排放总量控制

构建环境污染治理分区实施机制。制定流域重点生态功能区环境污染减排实施计划，确保重点生态功能单元污染排放绝对减少。制定流域各类污染物排放分配计划,在重点生态功能区以外区域,探索培育排污权交易市场,通过市场决定排污权交易价格,推动污染治理市场化。

全面推行大气排污许可证制度,建立健全举报制度,加强督促排放二氧化硫、氮氧化物、工业烟粉尘、挥发性有机物的重点企业和限额以上建设项目申领排污许可证,对造成生态环境损害的责任者,实行严格的赔偿制度,并依法追究刑事责任。

7.4.3 执法能力和效能

建立高效的基层环境执法监管体制,逐步设立环境保护法庭,强化执法检查和监督管理。实施跨行政区执法合作和部门联动执法,依法严肃查处各种环境违法行为和生态破坏行为。加强重点流域、区域、行业的执法监管,加强重点城镇和重点企业污染源的执法监管。适时组织开展专项整治活动,解决突出的环境问题。加强环境执法队伍建设,提高监督管理能力。

第8章 流域生态文化建设方案

生态社会文化是人类的文化积淀,是由特定的民族或地区的生活方式、生产方式、宗教信仰、风俗习惯、伦理道德等文化因素构成的具有独立特征结构和功能的文化体系,是代代沿袭传承下来的针对生态资源进行合理摄取、利用和保护,以使人与自然和谐相处,社会可持续发展的知识和经验等文化积淀(高珊和黄贤金,2009)。通过传承优秀的生态文化知识、传播先进的生态文化理念、建立繁荣的生态文化产业等途径,为洱海流域的清水节约、污水减排等问题提供科学支撑。

在洱海流域推动和建立健康文明的生态文化体系,应遵循以下几项原则。

第一,继承与创新相统一。生态社会文化建设是一个批判继承以往文化基础上不断超越与创新的过程。洱海地区传统文化中蕴含着丰富的生态思想和生态智慧,是建设生态文化的宝贵思想资源。

第二,民族性与世界性相统一。生态文化是迄今为止最具世界意义的文化形态。洱海地区生态文化建设既要传承白族优秀文化思想脉络,同时又必然融合于世界生态文化的潮流中。

第三,科学文化与人文文化相融合。文化的最终目的是个人在精神和道德上的完善。洱海地区生态文化要得以健全发展,将科学文化的求真务实与人文文化的崇美向善有机融合,致力于构建一个集真善美于一身的综合生态文化体系。

第四,政府主导与居民参与相统一。生态文化作为一种新文化尚且停留在精英化的层面,远未延伸至大众化层面。政府积极有效的主导是其顺利推进并最终取得成功的根本保证,人民群众的广泛参与、积极践行,是其顺利推进并最终取得成功的根本动力。

8.1　传统生态文化的传承教育

白族在洱海流域人口中占有较大比重，他们热爱自然、崇拜自然的历史由来已久，由此也形成了许多与自然和环境息息相关的生产、生活理念或习俗，例如在庭院里喜欢布置山水花草、服饰上有"风花雪月"、饮食中有"花草月粥"，在传统的火把节、插柳节、缀彩节和祭山节中也蕴含着丰富的生态伦理思想。在洱海流域人与自然环境的关系被普遍认为是"天人关系"，认为人是自然界的一部分，人与自然万物同类，因此人对自然应采取顺从、友善的态度，以求与自然和谐共处为最终目标，主张人与自然的平等，反对人类凌驾于自然界，认为应该按照"自然"的方式对待自然，要懂得尊重自然、爱惜自然。流域传统的生态伦理思想所表现出来的对自然的尊重和关爱，对于人们今天更好地保护生态环境显然具有积极意义，应该而且必须通过各种方式，尤其是教育的方式传承下去。

图 8-1　生态文化传承
教育体系

一般来说，教育包括家庭教育、学校教育和社会教育三个类别（图 8-1），是改造灵魂、塑造人性的基本途径。生态文化教育以生态学为依据，传播生态知识和生态文化、提升人们生态意识及生态素养、塑造生态文明的教育。生态文化教育不仅能使人们获得对生态系统知识的认知，而且更具有突破"知识本位"，引导和帮助人们树立正确的生态价值观和塑造美好生态情感的功能，是"防范胜于救灾"的最有效且最持久的手段。

8.1.1　学校教育

当前，洱海流域的生态文化学校教育相对分散，在课程设置、教材建设、师资培训等方面存在明显不足，不同学龄阶段的教育方案多具有自发性，总体上尚未形成一套完备的国民教育体系。因此，加快推进生态文化国民教育，建立、健全教育体系，对当前和未来的生态文明建设具有重要的价值。

1. 学前教育

学前班的幼儿年龄多在 3～6 岁，认识活动受到兴趣和需求的直接影响，对世界的认识是感性、具体和形象的。该阶段的儿童身心各成分有机地交织在一起，认识事物、获取经验的过程和由此而引起的能力和倾向的变化过程具有整体性。因此，幼儿的生态文化教育要融入幼儿的日常生活之中，通过各领域的相互渗透教育促进学习和发展。

第一，寓教于乐。在日常教学中融入生态文化教育的内容，综合采用多种教学形式，例如角色扮演、体验游戏、故事、小品、歌曲、诗词、图片分析等，尤其要重视游戏对幼儿形成对环境关爱之情的作用。

第二，强调生活性。注意寻找在儿童生活中可感受到和可接触到的内容为主，兼顾某些环境问题，使内容具有较强的知识性、趣味性和可读性，同时也给儿童提供更多、更大的想象空间。

第三，注重实践性。生态文化教育要结合实际生活，贴近自然。让孩子们多接触自然，引导他们去认识、发现周围自然环境的美好，培养他们爱护大自然的自觉意识，让儿童认识到个人的行为是怎样影响了环境，造成了什么问题，这些问题又如何反过来影响了人们的生活，以及怎样才能减少环境污染。

第四，加强家庭合作。父母是孩子的启蒙老师，加强教育机构和家庭的联系与合作。例如，开展夏令营，与父母一起做环境保护的行动方案并共同参与实践，坚持正确的生活方式，让孩子思考节能、节水、节电的好方法等。

第五，营造良好氛围。幼儿的认知、情感和社会性的发展始终来自环境的作用，且幼儿与环境相处的方式也直接影响着生态文化教育的质量。生态文化教育环境的创造要突出环境特色，保证环境使用的开放性，注重环境的多样性和可创造性；还应与课程设计相统一；考虑幼儿的年龄特点等。

第六，分阶段因材施教。按照儿童思维发展的阶段特征，循序渐进，因材施教。例如，对年龄较小的儿童主要是以游戏为主，随着年龄增长，逐步增加活动难度，全面考虑儿童的动手能力、思维能力、创造能力和合作能力等。

第七，教学内容多样化。生态文化教学的内容和形式要尽量多样化，在课程设计中应注意课程内容的跨学科性。多样化的活动可以激发儿童的兴趣，从而提高教学效果。

2. 初等教育

随着年龄的增长，当儿童进入小学以后，行为会受到其直接动机的影响，兴趣爱好不稳定，注意力不能长久集中，自我控制能力不足。在思维感知方面，从笼统、不精确地感知事物的整体渐渐发展到能够较精确地感知事物的各部分，并能发现事物的主要特征及事物各部分间的相互关系。思维想象从形象片段、模糊阶段向着越来越正确、完整地反映现实的方向发展，以具体形象思维为主要形式逐步向以抽象逻辑思维为主要形式过渡，但他们的抽象逻辑思维在很大程度上仍是直接与感性经验相联系的，具有很大成分的具体形象性。因此，可以充分利用课堂、课外空间，采取多种方式培养小学生的生态文化意识。

第一，开设生态文化独立课程。根据小学生身心发展的规律和特点，相关的生态文化课程教育应该选择跨学科式的教学方法（即单一式），从各个领域中选取与生态文化教育有关的内容合并成一体，发展成为一门独立的课程。而不适合采用多学科式的（即渗透式的）教学方式，将生态文化教育的内容（如概念、态度、技能）融入现行的各门课程中。

第二，开展生态文化实践活动。当前，教育部已经把综合活动实践课当作小学阶段的一门必修课。以此为契机，小学的生态文化教育实践活动可从以下三个方面着手：一是进行校园绿化，建立“绿色基地”，为小学生态文化教育提供实物教学基地，动员小学生参与到绿化、美化校园环境的活动中来，以此提高他们的生态文化意识和增强他们保护环境的责任感；二是举办以生态环境保护和生态文化教育为主题的知识竞赛或演讲活动，开展环境教育专题活动或校园文化节；三是组织“废旧电池回收”“废旧报纸回收”“开源节流”等活动，并且把这些活动从校园扩展到社会和家庭。

第三，举办生态文化公益活动。动员小学生积极参加环境纪念日系列活动、公众环保论坛和环保嘉年华等活动。为了取得良好的效果，应先对小学生进行培训，让他们做环保爱心大使，对其他人进行宣传，鼓励其他人参与到这些活动中来。

第四，联合社会力量。动员社会相关机构向小学生开放关于环境保护的博物馆、海洋馆、科技馆等场所，让小学生免费参观，开阔他们的视野。

3. 中等教育

中学生年龄大致为 12~18 岁，是生理、心理、人格趋向成熟，世界观、人生观、价值观逐步确立，以及由儿童向成人逐步过渡的关键时期。该阶段，开始具备较强的逻辑思维能力，意识、情感、道德感、美感和理智感都有了不同程度的发展。中学阶段养成的道德品行和行为习惯，将对其一生产生深远的影响。在中学阶段，学生辨别是非能力较差，容易受不良思潮的影响，生态文化知识欠缺，生态意识较为薄弱，但仍具备较强的可塑性和可变性。因此，中学生态文化的教育比小学教育更具有高效性和可操作性，且比大学生态文化教育具有明显的广泛性。因此，中学生的生态文化教育模式应该更加具有针对性。不仅要立足于课堂，还要通过其他的方式进行辅助教学，比如课外活动、专题讲座等形式。

第一，课堂教学内容的设计。由于中学生开设的课程种类较多，涵盖了大部分人文、自然基础科学，生态文化教育课堂教学的内容可以渗透到物理、化学、生物、地理、自然和社会等学科之中，其中，地理教育是中学环境教育的主要阵地，在地理学的生态文化教学中，不能只从环境方面进行生态文化思想的教育，而是应结合社会、生态、经济、伦理、化学等各个方面进行系统教学。

第二，课外教学内容的设计。生态文化教育课外教学应立足在课堂教学讲授生态文化知识的基础上，让学生直接参与保护环境的活动。它的特色是一反传统的以教师为中心进行课堂教学的方式，而是以学生为活动的主体，开展生动活泼的、学生乐于接受的参与型活动方式，让学生在活动中获得环境污染危害的常识，加深对生态文化实质的理解，增强环境保护意识，以确保学生在日常生活和学习中养成爱护周围环境，节约资源的美好品德和良好习惯。

4. 高等教育

洱海流域的高等教育主要是以大理大学为代表,大学生以当地生源为主,毕业后也大多留在当地就业,是流域生态文化建设的重要支撑力量。学生普遍在 18～25 岁,处在身心发展的黄金时期,心理知觉和观察能力达到较高水平,思维的深度、广度及灵活性和敏捷性显著提高,独立性和批判性大大增强,个性心理品质趋于稳定、成熟、完善。时代感普遍较强,独立意识较高,个性突出,自信张扬,易接受新事物,对生态环境问题比较关注。一般来说,大学生态文化的教育应由课程教学、社团活动、社会实践、科研项目及网络宣传 5 个部分有机组成。

第一,课程教学。像重视"两课"一样,让生态文化理念走进课堂、走进教材、走进学生头脑,积极开展理论学习;组织形势报告会;组织编著适合大学生需要的生态文化教材,提升大学生的生态文化建设的理论水平。高校教师在教学实践中应贯彻生态文化的内容,把马克思主义的生态文化观作为生态文化教育的指导思想。

第二,社团活动。高校环保社团应充分利用植树节、地球日、世界环境日、土地日、世界臭氧日、世界生物多样性日等机会,经常举办一些座谈会、研讨会,开展生态文化知识问卷调查,组织生态文化知识竞赛,召开环保知识培训班,举办环保展览等生态文化知识普及活动。

第三,社会实践。联系国内或国际的环保组织或相关的志愿者组织,提供更多参与社会实践的机会,在活动中提高大学生的生态文化素养,并且通过这些实践活动去影响和帮助更多的人。建立大学生生态文化教育实践活动的评价制度,以提升大学生参与生态环境保护活动的积极性。

第四,科研项目。设置一些针对大学生的科研项目,围绕生态文化基本理论、方法与实践,鼓励大学生积极申报,参与到科学研究中来;从评优等方面,制定优惠政策,鼓励大学生参与教师主导的生态文化相关课题。

第五,网络宣传。目前,大学生上网人数和时间都在持续增长,网络作为新的生活元素已全面进入大学生的学习生活,对大学生群体的生活方式、思维方式、道德观念有着直接、强烈的影响。在学校官网上开辟"生态文化教育"板块,定期更新和发布一些国内外及洱海流域的生态环境现状、应对措施等内容,将对大学的生态文化教育实践活动产生重要的影响。

生态文化教育是个系统工程，具有长期性。因此，为了保障洱海地区生态文化教育的持续性，生态文化教育必须贯穿于当地整个教育中，特别是学校教育。幼儿教育同家庭教育相结合，注重培养学生的环保情感和态度，播种绿色希望。小学到高中要给学生灌输生态知识，严格从正面培养生态意识和生态感情。在小学里结合自然课，开展生态文化教育，从小培养良好的生态意识，树立生态价值观和道德观。在中学里结合地理课程学习，有意识地开展生态文化教育，把人与自然和谐发展的关系，人类面临的全球问题，以及可持续发展的深远意义等向学生阐述清楚，让学生自觉养成尊重自然、保护自然、节约自然资源的习惯，从而为真正的生态文明的到来和可持续发展打下坚实的思想基础。

8.1.2　家庭教育

家庭教育在生态文化教育中起基础性作用。当地家长要以身作则，在不断提高自己综合素质的同时引导孩子去进行实践。首先家长必须能做出正确的行为，比如节约水电、使用购物袋、适度消费、支持生态产品等生活琐事；或者是不违背原则的错误，用不浪费资源、不滥吃野生动物、不燃放鞭炮等行动告诉孩子破坏生态环境确实行不通。家长对孩子情感目标的培养应从小开始，培养孩子对大自然和人类的热爱，主要树立孩子对待生态环境的正确的价值观与态度，使其了解生态环境与人类生活的关系。通过浅显、直观的生态文化教育，引导孩子自觉遵守环境道德规则，尊重自然、爱护自然，并能初步识别和抵制那些不自觉甚至侵害他人环境的不道德行为，从小树立人与自然和谐相处的观念。同时要和学校多加沟通，随时关注孩子的思想动态和实际表现。

8.1.3　社会教育

狭义的社会教育，是指学校和家庭以外的社会文化机构及有关的社会团体或组织，对社会成员所进行的教育。有些社会教育是发挥学校作用，由学校负责举办的，例如函授、刊授、扫盲、各种职业训练班、科学报告和讲座等。这是充分利用学校教学人员和物质条件，向社会开放，直接为社会服务的教育活动。当今许多国家推行的社区教育，其中就包括依靠学校向校外开放的社会教育。包括成人函授教育、企业培训教育的社会教育日益发展，尽管目前在整个教育体系中还处于辅助和补偿地位，但越来越显示出不可替代的作用。

现代的社会教育具有其他教育形态不可比拟的特殊作用，其对生态文化教育的作用主要表现在4个方面：①社会生态教育直接面向全社会，又以生态文化为背景，它比学校教育、家庭教育具有更广阔的活动余地，影响面更为广泛，更能有效地对整个社会发生积极作用。②社会生态教育不仅面对学校，面对青少年，更面对社会的成人劳动者。这不仅可以弥补学校教育的不足，满足成年人继续学习的要求，有效促进经济发展，还可以通过政治、道德教育，促进社会安定与进步。③社会教育形式灵活多样，没有制度化教育的严格约束性。它很少受阶级、地位、年龄资历限制，能很好体现教育的民主性。④现代人的成长已不完全局限于学校，必须同社会实践相结合。通过社会教育更有利于人的社会化。综上所述，社会教育在现代社会里其意义愈加重要，是现代社会教育体系中不可忽略的部分。

社会教育要注重宣传。首先，在云南各级领导干部中加强宣传，各级领导者是各项政策、规章的制定者，担负着发挥政府的调控与导向作用的重大职责。在各级领导干部中加大宣传力度，有利于生态文明教育自上而下的普及。通过宣传，能够提高各级领导和决策者实施生态文化教育的自觉性，并将其贯彻到各级政府的规划、决策和行动中去，保证将生态文明思想纳入决策程序和管理以及日常工作之中。应该尽快制定适合洱海实际情况的生态文化教育战略规划，并在省级层次上建立起协调与调控机制，统筹全局，协调各部门的工作。

其次，在企业管理者中加强宣传。应特别重视企业领导班子生态文明意识的转变与提高，扭转重经济效益而轻生态文明教育、重应试教育活动而轻生态文明教育的思想，树立起依靠科技教育推动经济社会协调发展的决策观，构建适合资源节约型社会和环境友好型社会战略需要的新型教育管理模式。为企业领导者普及循环经济理论、清洁生产理论、可持续发展理论，使其在约束自身、提高效益的同时，能够兼顾生态环境的保护，兼顾经济的可持续发展。

再次，在广大的洱海人民群众中加强宣传。生态文化教育是十分艰巨的教育任务，公众综合生态素质的提高也不是一朝一夕就可以完成的。通过宣传教育，能够提高全民综合生态意识与素养，使广大群众真正认识到生态问题关系每个人的切身利益，从而自觉接受生态文化教育。全社会范围内加大网络、电视、广播、报纸、期刊的宣传力度，有利于生态文化教育在公众中的广泛普及，使他们能够约束自身，并在方方面面影响整个社会的生态文明建设。

洱海流域生态文明建设中生态文化传承与教育主要内容，见表8-1。

表 8-1　生态文化传承与教育方案计划主要内容

名称	主要内容
学前教育	寓教于乐，强调生活性，注重实践性，加强家庭合作，营造良好氛围，分阶段因材施教，教学内容多样化
初等教育	开设生态文化独立课程，开展生态文化实践活动，举办生态文化公益活动，联合社会力量
中等教育	注重课堂教学内容的设计，课外教学内容的设计
高等教育	强调课程教学，社团活动，社会实践，科研项目，网络宣传
家庭教育	家长以身作则，在不断提高自己综合素质的同时引导孩子实践
社会教育	在企业管理者和广大的洱海人民群众中加强宣传

8.2　生态社会文化的理念传播

"理念"是指人们对某一事物或现象的理性认识、理想追求及其所形成的观念体系。生态文化是集经济、文化、社会、生态等属性在内的综合体，生态文化建设既改造客观世界，也改造主观世界，是一场涉及生产方式、生活方式、思维方式和价值观念的革命性变革。在这场变革中人的思维价值影响极其显著，有时甚至起决定性作用。习近平总书记强调，"加强宣传教育，树立尊重自然、顺应自然、保护自然的理念"。实地调查表明，洱海流域尚未形成健全的生态文化理念传播机制，各群体在生态文化知识的理解、掌握方面存在较大不足，生态文化行为尚未成为人们工作、生活的自觉意识，生态文化理念尚未完全渗透到社会、经济、政治和生活的各方面和全过程，因此，迫切需要加强生态文化理念传播，推动全社会牢固树立生态文化理念。

根据我国当前信息传播体制机制，在洱海流域生态文化理念传播过程中，各级政府和相关部门处于主导地位，对各类传播媒体具有监管责任。在推动生态文化理念传播过程中，应充分发挥大众媒体优势、有效增强各类媒体互动、科学设置各项传播议题、制定不同群体传播策略及建立可持续化的传播机制。

8.2.1　大众媒体

大众传播是人类最重要的传播形式，当前已广泛渗透到社会生活的各个方面，深刻影响着人们看待问题的观点、态度和行为模式。大众媒体主要包括以报纸、杂志、书籍、广播、电视、电影为代表的传统媒体与以互联网为代表的新媒体两种类型。各种媒体各具特色和优势。例如，电视传播以图像、声音、文字等符号直接作用于听众的感知器官，易为人们接受；广播是声音媒体，接近于面对面的人际交流，适应于不同文化程度的受众，能够突破时间、空间的限制，把信息即时地传到四面八方；网络媒体（论坛、评论、跟帖等）具有很强的时效性和及时沟通效果，能充分调动受众的参与，形成群体效应。

在洱海流域生态文化理念传播过程中，应充分发挥各类媒体优势，多管齐下。例如，可以在《大理日报》等权威报纸上开辟专门栏目，在广播、电视上设立专门频道，定期聘请相关专家学者、政府官员等人士进行知识普及、开展时事评论、介绍先进理念和实践经验等；对当前各部门建立的相关网站（或板块）进行有效整合，建立专门的生态文化宣传网站，对流域内生态文化相关知识、制度政策、建设规划与未来部署进行介绍与评价，并对该网站进行广泛宣传，增大登陆量，扩大影响面，等等。

8.2.2　媒体互动

根据媒体的定位、功能、受众和风格等特征，有主流媒体与大众媒体之分。在报道过程中，主流媒体凭借其在话语权上的控制力和影响力对大众媒体产生影响，使其在新闻选题或新闻价值判断上认同主流媒体。大众媒体则可以把政策化、理论化的内容、语言转化为易被广大群众所理解和接受的语言加以传播，从而取得更好的传播效果。利用主流媒体能够为非主流媒体设置议题的特征，可以先把有关生态文化的议题利用《大理日报》、大理电视台等一级媒体加以传播。在主流媒体的引导下，会形成整个媒体都是在传播一种议题的氛围，受众在这种气氛中，心理感触会更为强烈。如果这种传播形式和氛围长期坚持下来，则会在一个较长的时期内，给公众在无形中带来某种新的观念，有利于生态文化观念的形成。

8.2.3 议题设置

1972 年提出的议题设置理论认为，大众传播往往不能决定人们对某一事件或意见的具体看法，但可以通过提供信息和安排相关的议题来有效地左右人们关注哪些事实和意见，以及他们谈论的先后顺序。因此，大众传播可能无法影响人们怎么想，却可以影响人们想什么。在不同的时空背景下，如生态危机期和生态平稳期的生态文化理念传播的议题设置会存在较大差异。

按照危机事件的生命周期规律，生态危机期一般包括潜伏期、征兆期、爆发期、相持期和解决期。在生态危机潜伏期，媒体利用发达的信息网络及时发现危机征兆，并向政府和民众传递信息，从而引起有关部门的重视，及时采取行动；在生态危机爆发期和相持期，公众对信息的需求十分迫切，媒体进行及时、准确、全面的信息披露和解读，满足公众对信息的需求，使公众清楚地了解生态危机事件发生的时间、危害程度等，进而推动整个社会形成合力共渡难关；在解决期，媒体可合理设置公共讨论话题来引起人们的关注，通过多种形式的说服教育使人们形成共同的生态危机共识，激发人们从源头上控制或减少引发生态危机事件的动力，从内心深处接受生态文化建设这个议题，进而统一社会价值观念。

生态危机时期议程设置的目的主要体现在两个方面，即战胜灾难和事后引导，而生态平稳时期则应该强调传播活动的持续性，并且持续性应该贯穿在整个传播的过程中。从议程设置的时间上看，这就有别于生态危机时期及时、集中设置议题和传播信息的方式。在生态平稳期，各类媒体应围绕保护生态环境、建设生态文化这个议题所进行的传播活动长期坚持下去。例如，大理电视台和《大理日报》的生态文化专栏要继续有特色地办下去，而其他报纸、电视也可以开设生态文化专栏。另外，在每年的世界环境日、植树节、地球日等特殊节日，各个媒体都要集中力量进行大规模、大幅度的生态文化理念传播，在全社会形成一股保护生态环境、促进人与自然和谐发展的氛围。总之，在生态平稳期要抓住机遇，有步骤、有计划地进行生态文化理念传播。

8.2.4　传播策略

生态文化理念的传播目的是使公众在态度和心理上接受生态文化，并做出相应的行为。由于社会不同群体在收入、教育、职业等方面具有明显的分层特征，对生态文化理念传播的接受条件、理解水平、转化为实际行动的做法不尽相同，因此需要针对不同人群制定不同的传播策略和采取不同的传播媒介。结合洱海流域的实际情况，将该流域的现实或潜在受众人口划分为特殊群体和大众群体两个大类，其中前者包括各级公务员、各行业专家等，后者包括一般城市居民、乡村居民和暂居人口等。

1. 对特殊群体的传播策略

第一，公务员。公务员多是通过部队转业、基层提拔、上级任命、转岗调动或社会招录等途径进入政府部门工作，普遍具有文化程度高、理论修养好、视野开阔、政治敏感等特征，而且比其他人掌握着更多、更翔实的信息资源，是生态文化建设各类政策、法规、规划的制定者，同时也是各类传媒的运营者或监管者。这类人群需要系统掌握生态文化相关的理论基础，正确理解国家生态文化相关的政策安排，全面了解流域生态文化建设相关情况。具体的实施途径如下：

（1）编制生态文化读本。责成相关部门编制生态文化相关的读本，内容涵盖生态文化科普知识、国家政策方针解读、流域生态文化资料汇编等。

（2）开辟报纸杂志专栏。各部门主导发行的报纸、杂志专业性较强，大多数机关部门都有订阅习惯，是公务员了解和掌握生态文化理念的重要信息源。

（3）举办专题学习会议。政府专题学习会议的严肃性、高效性特点使其在传播生态文化相关内容时有着得天独厚的优势，在专业信息传播、国家重大事件解读等方面有着不可忽视的作用。

（4）建立健全网络传播。在政府官网开辟适当版面合理插播实效性和权威性较强的生态文化内容，使公务员在工作与闲暇中不断接触该方面的内容、信息。

第二，行业专家。生态文化理念的传播需要社会不同行业、职业的专家发挥导向力量。

发掘有关环保、环境与健康方面的专家，以及普通基层政府的环保带头人，普通城乡居民中的环保模范，积极参与环境保护的青年代表等，大力培育相关媒体工作者、人大代表的生态文化意识。

有计划、有步骤组织邀请各行业专家，通过广泛的宣传报道、现身说法、知识普及、组建民间环境组织等活动，以模范作用带动生态文化理念的积极传播，营造"生态文化建设就在每个人身边"的氛围，让生态文化理念快速被认知和接受。

2. 对大众群体的传播策略

第一，城市居民。相比于乡村居民来说，城市居民文化素质相对较高，从事的工作、行业丰富多样，获取信息资源的渠道和数量更多，生态意识、环保意识普遍较高，是生态文化建设的重要依靠力量。结合城市居民群体特征，应利用各类传播媒介，使城市全面了解洱海流域自然、人文情况，知晓当前国家和地方已经或正在实施的相关决策部署、制度安排、重要措施及未来的规划安排等情况，并在工作与生活中自觉践行生态文化行为。主要有以下 4 个实施途径。

（1）公益广告。通过各种媒体以告知、提示、劝导、警示的方式向广大城市居民传播环保知识、环保理念、环保行为。

（2）公益电影。有计划、有步骤地引进诸如《后天》《可可西里》《难以忘记的真相》等类似题材的经典电影，在带来文化大餐的同时，也对城市居民的生态文化意识产生潜移默化的影响。

（3）电视。针对不同职业、不同年龄居民开辟专门频道，设置不同的生态宣传节目（如儿童动画片），有计划、有步骤地引进有关生态建设、环境保护题材的电视剧。在一些具有时尚气息的节目里引进生态理念。

（4）公益网络。对当前相关网站进行有效整合，建立专门的生态文化宣传网站，开辟专门的理论探讨、时事评论、规划建议等互动板块，采取各种措施来激发城市居民对该网站的访问兴趣，以增大登录量，扩大影响面，等等。

由于广告、电影、电视 3 种大众媒介在进行生态文化理念传播时是瞬间传达的，受众是被动接受的，不像印刷品一样可以随身携带，观众可能只在某一个瞬间产生震撼，容易忘记，因此在传播过程中应尽量避免空洞的说教、灌输，应情理结合，巧妙地运用图片和一些警示作用的数据。

第二，乡村居民。乡村居民以农业生产为主，具有分布相对分散、经济收入较低、文化水平不高等特征，而且大多数乡村居民迫于生计压力具有较强的自利性。因此，结合乡村居民群体特征，在进行生态文化理念传播时，重点在于规范其日常行为，减少农业生产中因化肥、农药等的过量使用对生态环境及洱海水污染造成的潜在影响。主要有 3 个实施途径。

（1）有线广播。广播具有传递速度快、时效性强、成本低廉、收听方便、不受文化程度限制等特点。由于有线广播不能带来视觉的震撼，因此在广播内容的选取上需要具有足够的创意，应在创意基础上选取百姓足够关心，能维系他们生产、生活的事件进行宣传，以达到提升乡村居民生态意识提高的目的。

（2）科普下乡。有计划、有步骤地聘请各类专家、学者举办一些以生态文化为主题的活动，普及相关知识。由于乡村居民文化素质相对不高、理解能力相对不足，需要把握主讲人宣传方式的生动性、内容的趣味性、形式的多样性，不能泛泛而谈。

（3）露天电影。露天电影是各地乡村居民喜闻乐见、参与度极高的文化娱乐方式，能够让居住相对分散的广大乡村居民聚积起来，把传播生态文化知识，休闲娱乐融为一体，通过寓教于乐的方式把传播内容面对面地立体展示给乡村居民，培养乡村居民良好的生活习惯、环保意识。

第三，暂居人口。洱海流域暂居人口多为从外地来流域内从事务工、经商、社会服务、上学、旅游、访友探亲等各种活动的人口。对于长期停留于此的暂居人口，应在将他们视作当地居民一分子的基础上，着力培养他们的地方认同感、归属感和稳定感，提升生态环境保护和建设的责任感，不断强化其生态危机感和生态保护意识。对短期停留的旅游者，应着力增强其对生态环境保护的自觉性，力争在逗留期间不产生环境负荷。由于来此旅游的人数量较大，且自由化、流动性很强，需予以重点关注，对旅游者生态文化理念的传播主要有以下 3 个途径。

（1）网络通信。移动电话已经成为每个人手中的必备品，旅游者每一次进入大理，可以借助通信网络给每一位用户发送短信，在表达欢迎等礼貌之词的基础上，适当添加一些关于生态保护的提示性语句。在发送过程中，应把握信息发送的及时性、准确性，把握好发送的频率，不能过于频繁引起短信接收人的不满。

（2）旅游纪念品。借助设计精巧便携、富有地域特色、有着较高的收藏与鉴赏价值的旅游纪念品进行生态文化理念的传播。例如，可以在每一份旅游纪念品上写上一些环保的语句，提醒旅游者注意对旅游地环境的保护。

（3）宣传图册。宣传图册比较生动、直观，容易接受。在旅游区、下榻酒店、交通工具上，发放关于生态保护、文明旅游的图册资料，提升旅游者的环保责任意识。图册制作中，应在摄影和设计上下足功夫，同时图册纸张质量要高，印刷应精美，宣传语要简短、深刻，给人以警醒作用。

洱海流域生态文明建设中生态社会文化理念传播方案计划主要内容，见表 8-2。

表 8-2　生态社会文化理念传播方案计划主要内容

名称	主要内容
大众媒体	借助各类媒体，多管齐下
媒体互动	利用《大理日报》、大理电视台等一级媒体加以传播。形成议题氛围
议题设置	创办有特色的生态文化专栏，在环境日、植树节、地球日等特殊节日集中宣传
传播策略	针对不同人群制定不同的传播策略和传播媒介

8.3　生态基地与文化产业发展

任何文化都有载体。载体是文化得以表达和表现的形式。生态文化载体是指以各种物化的和精神的形式承载、传播生态文化的媒介体和传播工具，它是生态文化得以扩散的重要途径。生态文化领域中有大量集中体现生态文化元素的载体。比如，森林公园和湿地公园就具有优美的自然景观和人文景观，可供人们游览、休憩或进行科学、文化、教育等活动，所承载的生态文化信息十分丰富。比如，一些符合生态文化理念的村庄、社区、工厂等。其中，生态文化示范基地作为传播生态文化最直观、最重要的载体，对丰富流域生态文化内涵、开展国民生态文化教育、弘扬生态文化理念都具有积极的推动作用。

8.3.1　生态文化示范基地

生态文化示范基地是生态文化建设的重要载体，是生态文化建设的主战场，是强化环保优先、生态优先理念的重要阵地。通过生态文化示范基地建设，不断丰富生态文化内涵，深化和扩大生态文化教育内容，对于洱海流域走资源开发可持续、生态环境可持续的发展道路，实现生产发展、生活富裕、生态良好的社会具有重要的推动作用。

洱海流域的生态文化示范基地建设是一项复杂的系统工程，需要全社会的共同努力。需要进一步深化创建"生态文化教育基地"活动，组织开展"全国生态文化村""全国生态文化示范企业""国家森林城市"遴选推荐工作，发挥基地典型引导和示范教育的作用。在加大政府投入的同时，广泛吸引社会投资，在具有代表性的林区、森林公园、自然保护区、湿地，建设一批规模适当、独具特色、教育功能强大的生态文化示范基地，重点加强基地基础设施建设，提升基地文化品位。对现有的生态文化基础设施进行改造、整合，完善功能，丰富内涵，使生态文化基础设施发挥更大的作用。充分利用现有的公共文化基础设施，积极融入生态文化内容，丰富和完善生态文化教育功能。

8.3.2　生态文化试验区

遵循"以人为本、活态传承，整体保护、真实传承，保护优先、协调发展"的原则，以苍山-洱海为核心，辐射周边县市，建设"环洱海生态文化试验区"。依托该区域集中分布的苍山-洱海自然生态环境、大理古城等历史宗教文化遗存，"绕三灵"和三月街等民间盛会，白族茶道和本主崇拜等民俗传统，大本曲和《蝴蝶泉边》等民族艺术，扎染和沱茶等民间技艺，以及现代农业田园风光等生态文化载体，建设集自然生态文化、历史生态文化、民族生态文化和农业生态文化于一体的综合性生态文化试验区。

推动生态文化保护试验区发展。紧紧抓住大理作为全国十大"文化生态保护试验区"之一的契机，高标准规划、高起点实施、稳步推进大理文化生态保护试验区的建设。制定环洱海地区生态文化保护条例，严格保护洱海地区自然生态环境、历史文化遗存、民居建筑风貌、海西田园风光和民族文化传统等生态文化空间；结合休闲度假、节庆旅游、生态旅游、民族工艺品生产、文化创意等产业发展，促进各种生态文化的交融与繁荣，以生态文化发展促进经济增长、社会和谐和环境保护。

8.3.3　生态文化精品工程

洱海流域生态文化要健康持续地繁荣下去，迫切需要实施极具特色的生态文化精品工程，否则就会失去生态文化的内在生命力。生态文化精品工程，需要依托流域生态文化资源，挖掘生态文化智慧，通过工程联动、品牌带动和创新驱动，构建以自然生态文化为基础、历史生态文化为底蕴、民族生态文化为特色、农耕生态文化为支撑的四位一体的生态文化精品工程，大力弘扬"天人合一、尊重自然"的生态文化理念，精心打造"刚柔相济、动静相宜"的生态文化走廊，切实发展"善待自然，和谐共生"的生态文化产业，将洱海流域建设成为拥有坚实生态文化基础、深厚生态文化底蕴、鲜明生态文化特色的生态文化高地。

1.自然生态文化精品工程

第一，塑造绿网空间结构。以苍山-洱海为核心，整合周边山水资源，融合区域交通路网和城镇布局，形成青山挺拔、绿水环绕、绿轴纵横、绿带交织、绿斑点缀的山水生态绿网。

第二，展示自然生态文化。以环苍山-洱海山水生态绿网的自然生态为基础，以苍山、洱海等各具特色的生态城镇为主要空间载体，梳理大理以山为伴、以水为友，乐山、亲水的自然生态文化脉络，开发"乐山游""亲水游"等自然生态文化旅游产品，传播大理"敬畏自然、淳朴自律"的传统生态文化，将自然生态文化转化为生态旅游产品，实现生态空间、文化空间与旅游空间的有机统一。

2.历史生态文化精品工程

第一，保护古城传统风貌。以"底色"为基础，以规划为先导，对大理古城进行整体性保护，维护古城历史格局和传统风貌，打造历史生态文化走廊，凸显依山傍水、人地和谐的城市形态，再现山水林城自然融合、交相辉映的协调关系，形成原真性历史文化传承平台。

第二，传承历史生态文化。以大理古都历史文化旅游等项目为载体，借助大理三月街等民族节庆活动，构造"梦幻大理"历史文化精品系列，凸显"故都大理"文化主题，弘扬大理"开放包容、亲仁善邻、亲近自然、崇德尚礼"的历史生态文化传统。

3. 民族生态文化精品工程

第一，打造艺术精品谱系。依托原文化部命名的"中国民间文化艺术之乡"，以中国大理国际文化城、白族"绕三灵"非物质文化遗产保护等重点项目为载体，以白族大本曲、洱源唢呐等民族文艺为重点，进行民族文艺保护和文化传承建设，形成民族文化艺术保护与传承相统一的特色文化艺术精品体系。

第二，彰显民族生态文化。以《白子白女》《情暖苍山》《白洁圣妃》和《洱海花》等为重点，打造大型白族歌舞文化精品，加强文化交流力度，开拓艺术演出市场，提高流域民族民间文化艺术的影响力；以白族"喜悦霸王鞭"等广场舞为重点，开展各种民歌合唱、民俗广场舞、民族健身活动，吸引和引导各民族群众参与到对自身文化学习和传承的活动中来，保持民族生态文化的持续生命力。

4. 农业生态文化精品工程

第一，建设生态农业小镇。结合高原特色生态农业基地建设，按照"生态化、精品化、高端化"和"一镇一品"的要求，以花卉、果蔬等为主打产品，打造一批示范重点，运用现代生态农业技术及设施，建设一批"和而不同"、各具特色的现代生态村镇，形成农业生态文化建设的主要支撑。

第二，弘扬农业生态文化。以繁星璀璨、镶嵌分布的众多特色村镇为主要载体，结合中国大理国际茶花生态文化园等重要节点，大力开展形式多样、丰富多彩的农业生态旅游和乡村观光旅游活动，通过发展旅游业，展示现代生态农业智慧，传播大理生态农业文化，推动"三农"发展。

8.3.4　生态文化产业

在洱海流域大力推动生态文化产业发展，必须将生态文化公益性事业和生态文化经营性产业结合起来。发展生态文化公益性事业，要以政府为主导，鼓励社会参与，增加投入、转换机制、增强活力、改善服务。发展生态文化经营性产业，要以市场为导向，创新体制、转换机制、壮大实力。

1. 加强生态文化基础设施建设

坚持政府主导，按照公益性、基本性、均等性、便利性的要求，加强生态文化基础设施建设，完善公共文化服务网络，确保开展生态文化宣传教育有基地、弘扬生态文化有阵地、承载生态文化建设有平台。

政府要大力加强历史古城保护，加快对历史古城的修缮，主要包括古建筑、标志性建筑等。要加快建设一批城市公园、郊野公园、森林公园、湿地公园，提升城市园林绿化水平，逐步构建完善的城乡公园绿地系统。同时，要在生态文化遗产丰富、保持较完整的区域，建设一批生态文化保护区，维护生态文化多样化。要加强流域农村生态文化公共设施建设，将生态文化与民俗文化等有机结合起来，逐步构建覆盖城乡的生态文化传播体系，建设一批生态文化教育基地、生态文化示范中心，促进农村基层生态文化向纵深发展。

2. 营造全社会参与建设氛围

在发挥主导作用的同时，必须发动全社会广泛参与，尊重市民的主体地位，使市民真正成为生态文化建设的主体和生态文化建设成果的受益者。要大力加强生态文化宣传教育，采取图书、电视、影视、网络等媒体形式，提高全民生态文化素养，促进生态文化传播，营造全社会参与生态文化建设良好氛围，树立生态文明新风尚。

3. 形成全方位支持机制

设立洱海流域生态文化产业发展专项资金，主要采取贴息、补助等方式，重点支持优先发展的生态文化产业项目，引导社会资金投向。根据国家相关规定，对大理市人民政府鼓励的具有战略性、引导性和带动性的民族生态文化产业的重大建设项目，减半征收城市基础设施配套费。对科研院所和大专院校等单位服务于生态文化产业的技术转让、技术咨询、技术培训和人才培训所取得的收入，免征营业税和企业所得税。鼓励流域内金融机构把生态文化产业全面纳入贷款范围，加大对生态文化企业的信贷扶持力度，在国家允许的贷款利率浮动范围内给予一定利率优惠。创造良好的投资环境，大力启动民间投资和社会投资，适度放宽市场准入条件，吸引各方力量加大对洱海生态文化产业的投入，形成企业、金融机构、政府、民间、境外等多方面结合的多元化投资机制。

洱海流域生态文明建设中生态社会文化基地产业建设方案计划主要内容，见表 8-3。

表 8-3 生态社会文化基地产业建设方案计划主要内容

名称	主要内容
生态文化基地	开展创建生态文化教育基地、生态文化村、生态文化示范企业活动
生态文化试验区	建设环洱海生态文化试验区，制定环洱海地区生态文化保护条例
生态文化工程	通过工程联动、品牌带动和创新驱动，构建以自然生态文化为基础、历史生态文化为底蕴、民族生态文化为特色、农耕生态文化为支撑的四位一体的生态文化精品工程
生态文化产业	将生态文化公益性事业和生态文化经营性产业结合起来。以市场为导向，创新体制，转换机制，发展经营性生态文化产业

第9章 流域生态文明建设保障体系

9.1 加强组织领导

坚强有力的组织领导，是洱海流域生态文明建设各项工作落到实处、取得实效的关键和保证。成立以大理州委、州人民政府主要领导担任主任的洱海流域生态文明建设工作委员会，负责全流域生态文明建设统筹规划和组织领导工作。委员会下设办公室，具体负责全流域生态文明建设工作的"组织、协调、检查、督促、指导"等职能、职责。同时，各地区成立相应的生态文明建设机构，在全流域范围内形成统一领导、分级负责、分块管理、部门协同、全民参与的领导、组织、协调工作机制。同时，建立洱海流域生态文明建设专家咨询委员会，聘请知名专家担任委员，主要负责全流域相关建设重大问题咨询和解决方案研究。专家咨询委员会下设办公室与市生态文明建设工作委员会办公室合署办公，主要负责全流域生态文明建设重大问题调研和资料分析。

"两委"制定强力推进措施，统筹抓好各个阶段和各个方面的工作，确保上下联动、左右协调、形成合力，确保生态文明建设有力、有序、有效推进。按照生态文明既定目标，突出工作重点，切实保障生态文明建设目标的实现。领导小组积极协调解决建设工作中的有关问题。督促各有关单位把生态文明建设工作摆上重要位置，切实贯彻文件精神，严格落实工作责任，把建设任务分解到相关部门，确保取得实效。在实施建设过程中，各部门协调解决项目建设过程中遇到的问题，按照职责分工，各司其职，确保职能内的工作任务完成。同时牢固树立大局意识，加强配合，密切合作，形成工作合力。

9.2 明确责任分工

将生态文明建设工作纳入目标管理绩效考核，明确责任、强化分工，通过考核和督导检查,促进生态文明建设各项工作的有序开展(万俊人 等,2013)。应用现代信息技术构建生态支点建设动态监测和技术管理平台,利用天地一体生态环境监控体系实时监测全流域实施情况,为相关的规划实施、管理和决策提供准确、便捷、高效的技术支撑;建立实施评估机制,定期开展对生态文明建设重大工程实施进展的全面评估,为推进规划实施提供决策依据。同时,推进实施监督的社会化程度,完善重大决策规则和程序,建立与群众利益密切相关的重大事项社会公示和听证制度;综合发挥法律、行政、舆论和公众的监督作用,认真查处和纠正各种违反规划的行为,加大对违规违法建设行为的整治力度;发挥各级人民代表大会、政协、基层社区、社会团体和公众在规划实施中的全过程监督作用。

行政主管部门会同有关部门,对生态文明建设工作情况进行考核,考核结果交由上级组织人事部门,纳入地方人民政府相关领导干部综合考核考评。领导小组对相关部门工作进展情况进行专项督导检查和定期通报。建立工作奖励和责任追究制度,根据建设工作目标完成情况及平时考核记录,对生态文明建设成绩突出的单位和个人进行表彰奖励,对完不成任务的实行责任追究。

9.3　营造良好氛围

充分发挥媒体作用,全面系统地对生态文明建设活动进行新闻宣传,凝聚各方力量,形成全流域上下关注、支持建设的浓厚氛围。新闻宣传部门要多角度、多渠道、全方位地宣传生态文化建设,形成全社会广泛参与、广纳建议的氛围。采取设置公益宣传栏、制作专题宣传片、举办相关发展论坛,编制生态文明建设教育读本进学校等多种形式,全角度、多形式宣传生态文明建设。把生态有机融入各级教育教学中,深入开展生态、环保等教育活动,广泛宣传生态价值观。大力加强生态文化建设,通过创建生态文化产品和生态文明示范教育基地,采取人民群众喜闻乐见、通俗易懂的形式,加强生态文明教育。构建社情民意信息反馈平台,及时收集反馈公众关心议题。培育和发展环境保护群众团体,鼓励群众团体参加环境宣传和监督。切实加强先进生态文明宣传、政策解读、舆情分析引导,积极营造珍惜资源、保护生态、注重环保的良好舆论环境。

9.4　扩宽筹资渠道

尽快建立政府为主、市场运作、社会参与的多层次、多渠道、多方位筹资机制。以财政投入为主渠道，争取用于生态文明建设的财力保持持续增长，相关建设工作所需财政资金确保按时发放。积极争取国家政策覆盖和资金支持，流域内行政辖区各责任单位要进一步加强与国家和省级各有关部门对接汇报，争取国家对流域生态文明建设的指导，通过重大工程建设项目申报和试点示范，争取纳入国家专项计划，以期国家政策覆盖和资金支持，进一步加大省、市级财政在重大环境基础设施建设和重点生态功能单元保护上的投入力度，健全财力与事权相匹配的财政体系。同时，积极发挥多层次资本市场的融资功能，拓宽投融资渠道，落实相关政策措施，通过费税减免等优惠政策鼓励和吸引社会资金参与建设。

第10章 主要结论与方案说明

10.1 主要结论

1.流域生态文明建设基础特征

长期以来,各界为洱海水污染防控付诸了大量努力,取得明显成效,但仍然存在一些短板。现有的治理措施多集中在工程、技术领域,从宏观、综合的生态文明视角审视洱海水污染问题十分必要。生态文明概念内涵丰富,倡导尊重自然、顺应自然、保护自然,体现人与自然的和谐关系。以洱海水污染防控为导向,从改善清水产流和污水减排的自然、人文环境出发,编制流域生态文明建设方案十分必要。

国内外典型地区通常将生态环境保护、资源节约利用、绿色低碳循环发展、生态示范创建、体制机制创新与生态理念培育等作为生态文明建设的重要内容。建立洱海流域生态文明评价指标体系并开展评价,发现近些年流域生态文明水平在逐步提高,生态环境质量与经济社会发展维度得分在总评得分中占有较高比重,国土空间格局维度得分较低,根据评价结果,遴选空间聚集水平、生态环境基底、水体环境质量、大气环境质量、能源消耗强度、工业用水效率、经济发展水平、经济产业结构、生态理念传播、行政制度建设 10 个指标作为领域生态文明建设的核心指标。

2.基于主体功能区划的分区建设

根据国家主体功能区域划分技术规程,参考《全国主体功能区规划》和《云南省主体功能区规划》等上位规划,以乡镇为区划单元,将洱海流域划分为重点开发区、限制开发区和禁止开发区 3 种主体功能区类型。其中,重点开发区包含 6 个乡镇单元;限制开发区包含 13 个乡镇单元的部分地区;禁止开发区则包含自然保护区、地质公园、湿地公园、风景名胜区、水产种质资源保护区、城市饮用水源地保护区 6 个类型 21 个片区,散布于各乡镇单元。根据区划方案提出分区优化策略与路径。根据主体功能分区，分别提出差异化的生态文明建设方向。

（1）重点开发区。传统生产模式依靠一些补救的环境保护措施和"末端治理"办法，难以从根本上解决资源浪费和环境保护问题。需要树立生态工业发展模式，节约和高效利用资源、清洁生产、废物多层次循环利用。通过改造现有的旧式工业园区、建设示范性生态工业园、打造生态工业发展载体。通过建立循环经济模式、促进传统产业转型升级、加快建立技术支撑体系，特别是加快节水技术的研发，推广和引进节水技术及设备。同时，积极推动居民消费绿色转型，支持政府绿色采购和居民绿色消费、引导企业绿色生产，构建具有洱海地方特色的绿色消费经济体系。

（2）农产品主产区。耕地土壤肥力下降，农业面源污染严重，生态系统脆弱，是洱海湖泊污染和富营养化的重要致因。通过创新生态农业发展模式、推进生态农业科技创新、加强生态农业信息建设、构建生态农业文化旅游区、推动建立特色农业基地等途径转变农业生产方式、优化农业生态系统。通过对农业经济结构、空间结构、技术结构的调整和农业综合服务体系的建设，推广应用有机肥替代和测土配方平衡施肥等绿色生产技术；控制农药、农膜用量，推行农业标准化生产，推动农业清洁生产。

（3）重点生态功能区。编制生态功能红线管控规划，实施分级管控、分类管理，切实减缓生态压力，促进自然生态恢复，以人类活动调节促进生态恢复。针对部分生态系统结构受损、功能退化严重的主要生态单元，科学实施生态修复工程，优化系统结构、提升系统功能，以重大工程实施推动生态修复。建立有效的产业和人口退出机制，提升生态系统功能。尤其注意加强苍山水源地保护。

（4）禁止开发区。洱海流域禁止开发区域生态单元类型多样，在自然保护区、风景名胜区、饮用水源地、森林公园、湿地公园、地质公园和种质资源保护区等均有分布。按核心区、缓冲区和实验区对自然保护区进行分类管理，严格保护风景名胜区、森林公园、湿地公园、地质公园内的景观资源和自然环境。

3. 资源节约利用与城乡环境治理

（1）提出流域资源节约集约利用中要着力推动能源消耗强度持续下

降，提升非化石能源占比和建设用地产出水平，增加工、农业用水效率。方案要点包括：①水资源——加强水源地保护，实行总量管理，建立水权市场，推行有偿使用，强化取水监督，推进产业调整和提升节水技术；②土地资源——坚守耕地红线，严格用途管制，强化市场、政府的联合调控，推进土地流转；③能源矿产资源——加快新能源装备引进和基础设施建设；推进矿产资源的基础调查、技术引进、绿色矿区和长效机制的建设。

（2）提出流域自然生态环境保护中要严格遵循预防为主、生态责任、生态民主、协同合作、协调发展等原则。方案要点包括：①农业农村生态环境——重视用地平衡，优化种植方式，平衡农业生态系统，调整农村经济结构，推进治理村落污染，重视空心村综合整治；②城镇生态环境——合理确定城镇边界，建立环境基础设施，健全环境准入标准、环境监管，优化自然生态格局；③重要生态功能区——按照主体功能区区划方案，坚守生态红线，建立试点示范，完善监测评估，加快生态系统修复。

4. 流域生态文明制度建设与创新

提出流域体制机制创新目标，建立有利于国土开发、环境保护、资源节约、人与自然和谐关系的系统性、完整性、科学性的生态文明制度支撑体系。方案要点包括：①行政制度——扬弃唯 GDP 至上的传统发展观，推行生态政绩观，确立绿色 GDP 核算，合理增加生态建设和环境保护在政绩考核中的权重，广泛实行资源环境责任追究与自然资源离任审计政策。②市场制度——推动建立完善的自然资源产权交易市场，完善以环境损害赔偿为基础的环境责任、管理体系、制度，确立自然资源的有偿使用制度，完善可持续的生态补偿机制、生态建设的财税联动机制与投融资制度。③民主制度——有效保障公众的生态环境信息知情权，推动公众通过多种渠道参与到环境保护、决策等过程中，有效监督各类主体的生态环境行为，形成人人参与生态文明建设的局面。④法律制度——建立、健全流域生态文明建设的法律、法规体系；完善相应的地方性规范文件和配套实施细则，提高资源环境法律和规章的适用性；探索建立产业准入的能耗、水耗、物耗、地耗和污染物排放标准；制定更加严格的节能环保地方标准、产业准入环境标准和碳排放标准，强化资源节约和环境保护质量标准的导向作用。

5.流域生态文化建设传承与创新

提出洱海流域生态社会文化体系建设的 5 大目标:牢固树立生态思想、普遍提升生态意识、全面繁荣生态文化、全面弘扬生态道德、普及倡导生态行为。方案要点包括:①生态文明理念传播——充分发挥大众媒体优势、有效增强各类媒体互动、科学设置各项传播议题、制定不同群体传播策略以及建立可持续化传播机制。②生态文明国民教育——建立、健全教育体系,学前教育、初等教育、中等教育、高等教育,强调遵守教育规律,在不同的学习阶段设定不同的教育目标,采用适合不同阶段特点的教育形式。③生态文化示范基地建设——以苍山-洱海为核心、以环苍山-洱海山水生态绿网为基础展示自然生态文化,以大理古都、白族文化等为载体传承历史生态文化;以高原特色生态农业基地和特色村镇为主要载体,建立农业生态文化精品工程;加大对洱海生态文化产业的投入,形成企业、金融机构、政府、民间等多方面结合的多元化投资机制。

6.洱海流域生态文明建设保障体系

主要包括加强组织领导、明确责任分工、落实资金保障、营造良好氛围 4 个方面。现阶段,洱海流域环境保护制度体系日趋完善,生态文明政策内涵有待拓展,保障体系组合实施面临挑战。据此,流域保障体系应建立坚强有力的组织领导,将生态文明建设各项工作落到实处。将生态文明建设工作纳入目标管理绩效考核,明确责任、强化分工,通过考核和督导检查,促进生态文明建设各项工作的有序开展。实际操作中,行政主管部门会同有关部门,对生态文明建设工作情况进行考核,考核结果交由上级组织人事部门,纳入地方政府相关领导干部综合考核考评。尽快建立政府为主、市场运作、社会参与的多层次、多渠道、多方位筹资机制。尤其是,积极发挥多层次资本市场的融资功能,拓宽投融资渠道,落实相关政策措施,通过费税减免等优惠政策鼓励和吸引社会资金参与建设。充分发挥媒体作用,全面系统地对生态文明建设活动进行新闻宣传,凝聚各方力量,形成全流域上下关注、支持建设的浓厚氛围。

10.2　方案说明

（1）洱海流域生态文明建设方案不同于水生态文明建设方案。该方案编制由国家水专项立项设置，呼应国家战略需求，方案立足人类活动与自然环境的关系，意在从生态文明的视角为流域水污染防控提供理论基础、思路选择与操作框架。该方案从激活源头清水产流、促进过程用水减污、增加终端清水入湖三个方面，对流域生态、环境、制度、文化等进行综合设计，从宏观上服从和服务于水污染的"控污减排"，着眼于宏观，并不能替代洱海流域水生态文明建设方案。该方案的实施需要与洱海流域社会经济发展规划和污染治理专项规划等相关规划和方案进行有效对接，才能为洱海流域控污提供有效支撑。

（2）洱海流域生态文明建设方案是一个弹性方案。本研究立足人类活动与自然环境的关系，旨在从生态文明的视角为流域水污染防控提供理论基础与实践参考、思路选择与操作框架。提出的建设方案具有较大的软科学性质，能够作为工程、技术类方案的有效补充。现阶段，我国正处在加速转型期，洱海流域也正处在深度调整期，未来国家政策导向和地方实践发展均可能出现新的特征，该方案实施应需要根据变化的形势及需求进行弹性调整，即可对总体思路进行适当调整，进行内涵深化和外延拓展，实事求是、与时俱进是该方案实施过程中应坚持的基本原则。

参 考 文 献

毕国华, 杨庆媛, 刘苏, 2017. 中国省域生态文明建设与城市化的耦合协调发展[J]. 经济地理, 37(1): 50-58.

陈炎, 赵玉, 李琳, 2012. 儒、释、道的生态智慧与艺术诉求[M]. 北京: 人民文学出版社.

成金华, 李悦, 陈军, 2015. 中国生态文明发展水平的空间差异与趋同性[J]. 中国人口·资源与环境, 25(5): 1-2.

樊杰, 周侃, 陈东, 2013. 生态文明建设中优化国土空间开发格局的经济地理学研究创新与应用实践[J]. 经济地理, 33(1):1-8.

方创琳, 王振波, 刘海猛, 2019. 美丽中国建设的理论基础与评估方案探索[J]. 地理学报, 74(4): 619-632.

高珊, 黄贤金, 2009. 生态文明的内涵辨析[J]. 生态经济(12): 184-187.

何爱国, 2012. 当代中国生态文明之路[M]. 北京: 科学出版社.

黄承梁, 2018. 新时代生态文明建设思想概论[M]. 北京: 人民出版社.

解振华, 2019. 中国改革开放40年生态环境保护的历史变革: 从"三废"治理走向生态文明建设[J]. 中国环境管理, 11(4): 5-10.

廖福霖, 2014. 建设美丽中国理论与实践[M]. 北京: 中国社会科学出版社.

刘某承, 苏宁, 伦飞, 等, 2014. 区域生态文明建设水平综合评估指标[J]. 生态学报, 34(1):97-104.

刘湘溶, 2015. 中国生态文明发展战略研究丛书[M]. 长沙: 湖南师范大学出版社.

陆浩, 李干杰, 2018. 中国环境保护形势与对策[M]. 北京: 中国环境出版集团.

宓泽锋, 曾刚, 尚勇敏, 等, 2016. 中国省域生态文明建设评价方法及空间格局演变[J]. 经济地理, 36(4): 15-21.

苗启明, 谢青松, 林安云, 等, 2016. 马克思生态哲学思想与社会主义生态文明建设[M]. 北京: 中国社会科学出版社.

沈满洪, 谢慧明, 余冬筠, 等, 2014. 生态文明建设: 从概念到行动[M]. 北京: 中国环境出版社.

万俊人, 潘家华, 吕忠梅, 等, 2013. 生态文明与"美丽中国"笔谈[J]. 中国社会科学

(5): 204-205.

王耕, 李素娟, 马奇飞, 2018. 中国生态文明建设效率空间均衡性及格局演变特征[J].
地理学报, 73(11): 2198-2209.

王金南, 董战峰, 蒋洪强, 2019. 中国环境保护战略政策 70 年历史变迁与改革方向[J].
环境科学研究, 32(10): 1636-1644.

王清军, 2019. 我国流域生态环境管理体制:变革与发展[J]. 华中师范大学学报(人文
社会科学版)(6): 75-86.

许耀桐, 2001. 中国基本国情与发展战略[M]. 北京: 人民出版社.

郇庆治, 李宏伟, 林震, 2014. 生态文明建设十讲[M]. 北京: 商务印书馆.

杨振, 郭红娇, 梁曼, 2015. 洱海流域湖泊生态影响域测度研究[J]. 华中师范大学学报
(自然科学版)(1): 147-152.

余谋昌, 2010. 环境哲学: 生态文明的理论基础[M]. 北京: 中国环境科学出版社.

郑晓云, 2019. 生态文明建设如何化解当代水危机: 水生态文明建设的背景、理念和途
径[J].社会科学家(8):9-13,161.